Die vertikalen Seilkräfte
und ihre Berücksichtigung
bei der Planung
von Starkstrom-Freileitungen

Von

Dr.-Ing. Wilhelm Wiskott

Mit 15 Bildern

München und Berlin 1942

Verlag von R. Oldenbourg

Druck von R. Oldenbourg. München
Printed in Germany

Vorwort

Die vorliegende Ausarbeitung*) befaßt sich in erster Linie mit der Planung von Starkstrom-Freileitungen kurzer Spannweiten in hügeligem Gelände. Die zu erläuternde Planungsart beruht auf einem Meß- und Ermittlungsverfahren, das von dem Verfasser für die Bauausführung von 15 kV-Holzmastleitungen in Ostpreußen entwickelt wurde und in allen Bedarfsfällen mit bestem Erfolg zur Anwendung gebracht werden konnte.

Der Leitungszug durch die ungleichmäßigen Bodensenken des sehr welligen Ermlandes erforderte eine sorgfältige Auswahl der zur Verwendung gelangenden Mastlängen. Hierbei war es notwendig, die für einen gleichmäßigen Leitungsbogen zweckmäßigsten Mastlängen — ohne Benutzung eines Nivellierinstrumentes und ohne Aufzeichnung eines Streckenprofils — sofort bei der Trassierung schnell und richtig zu bestimmen. Dieses führte dazu, in den Bodensenken Bezugshöhenmessungen für die Mastfußpunkte auszuführen, d. h. die Höhen der Mastfußpunkte, bezogen auf die Höhen der Fußpunkte der Nachbarmaste, zu messen. Mit Hilfe von Fernglas und Fluchtstäben wurden die vertikalen Abstände der einzelnen Fußpunkte von den gedachten Verbindungslinien der Fußpunkte der beiden Nachbarmaste aufgenommen. Aus den gefundenen Werten wurden die günstigsten Mastlängen mit Hilfe eines einfachen Rechenverfahrens ermittelt.

Bei den Untersuchungen, zu denen das Verfahren die Veranlassung gab, zeigte es sich, daß die aufgemessenen Bezugshöhen in Verbindung mit den Seildaten eine einfache Berechnung der vertikalen Seilkräfte ermöglichen. Die bei der Weiterverfolgung gefundenen vielfachen Beziehungen sind ausschließlich für die bei normalen Freileitungsbauten allgemein angenommene Parabelform des Leitungsbogens und nicht für die tatsächlich vorhandene Kettenlinie entwickelt worden.

Das von dem Verfasser entwickelte Meß- und Ermittlungsverfahren für Kurzspannleitungen stellt bereits eine Anwendung dieser Beziehungen dar. Die Verwertung der gefundenen Formeln bei der Planung von Weitspannleitungen ist in einem besonderen Kapitel behandelt.

---

*) Die Ausarbeitung wurde der Technischen Hochschule Breslau als Dissertation eingereicht und von dieser genehmigt.

Bezugshöhenmessungen sind Nivellementsaufnahmen. Zur sachlichen Einführung erschien es zweckmäßig, von den Trassierungsverhältnissen bei Weit- und Kurzspannleitungen und der sich hieraus ergebenden Bedeutung des Nivellements für den Starkstrom-Freileitungsbau auszugehen.

Berlin-Charlottenburg, im Mai 1940.

Der Verfasser.

Inhaltsübersicht

I. Die Bedeutung des Nivellements für den Starkstrom-Freileitungsbau

A. Die Planung von Weitspannleitungen auf Grund eines Nivellements der gesamten Strecke

Starkstrom-Freileitungen mit Spannweiten[1]) über 80 m, die unter den Begriff »Weitspannleitungen« zusammengefaßt sind, werden allgemein mit Hängeisolatoren ausgeführt. Sie erfordern erhebliche Vorarbeiten und einen ins einzelne gehenden, sorgfältigen Entwurf.

Bei den Vorarbeiten wird die für den Leitungsbau technisch und wirtschaftlich günstigste Spannweite ermittelt und als normal festgelegt[2]).

Für diese Spannweite wird der normale Tragmast entworfen. Die Höhe des Aufhängepunktes des unteren Seiles über Boden ergibt sich aus dem für die normale Spannweite in Frage kommenden größten Durchhang, der den Durchhangstabellen[3]) entnommen wird, dem Mindestbodenabstand, der sicherheitshalber etwas größer als der VDE-mäßige Wert (6 m) gewählt wird (z. B. 6,5 m) und einem passenden, die Maße abrundenden Zuschlag. Der fertige Entwurf wird dem trassierenden Ingenieur zur Verfügung gestellt. In Bild 1 ist ein derartiger Tragmast in kleinem Maßstab schematisch wiedergegeben.

Nach Festlegung der Winkelpunkte der Trasse wird die Trasse ausgefluchtet und die gesamte Strecke nivelliert. Hierauf wird ein Streckenprofil in einem passenden Maßstab (z. B. Längen 1:2000, Höhen 1:200) gezeichnet.

Das Leitungsseil hängt nach einer Kettenlinie mit vertikaler Achsrichtung durch[4]). Die Kettenlinie unterscheidet sich bei den flachen Bögen, die bei normalen Freileitungsbauten in Frage kommen, von der Parabel vertikaler Achsrichtung nur so wenig, daß es allgemein üblich ist, die für eine rechnerische und zeichnerische Behandlung einfachere Parabel an die Stelle der Kettenlinie zu setzen. Hiervon wird auch in der vorliegenden Abhandlung durchgehend Gebrauch gemacht.

---

[1]) Die VDE-Vorschriften (VDE 0210/X. 38, § 3) geben für die Spannweite folgende Begriffserklärung: Spannweite ist die waagerecht gemessene Entfernung zweier benachbarter Stützpunkte.

[2]) Die für die normale Spannweite gültigen Werte sollen in dieser Abhandlung allgemein den Index »n« erhalten.

[3]) Durchhangstabellen stehen für jede Seiltype und die gebräuchlichen Höchstzugspannungen zur Verfügung. Sie enthalten die Durchhänge bei verschiedenen Spannweiten und Temperaturen von —20° C bis + 40° C, sowie bei einer Temperatur von —5° C und Zusatzlast. Der größte Durchhang tritt im allgemeinen bei einer Temperatur von + 40° C, bei schwachen Seilen bei —5° C und Zusatzlast auf.

[4]) s. Kapper, Abschnitt 3, S. 21 u. 22.

Auszug aus der Durch-
hangstabelle für Stahl-
aluminiumseil
120 mm², 8 kg/mm²

t	f
$-5^0 + Z$	636
-20^0	506
-10^0	535
0^0	564
$+10^0$	591
$+20^0$	617
$+30^0$	643
$+40^0$	668

Durchhänge in cm
bei 220 m Spannweite

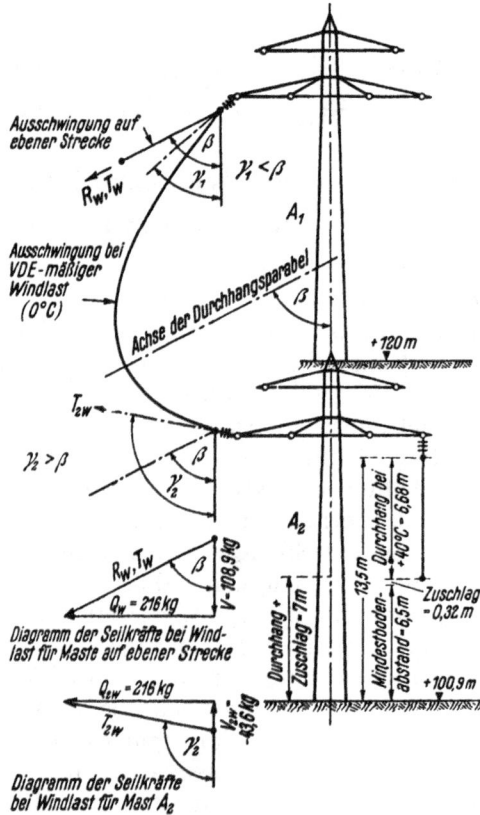

Bild 1. Querschnitt der Weitspannleitung Bild 2.

Bei den Leitungsentwürfen werden in das Streckenprofil die Seil-
kurven größten Durchhangs eingetragen. Man fertigt also eine Schablone
der Durchhangsparabel im Maßstab des Streckenprofils an, die durch
den größten Durchhang bei normaler Spannweite bestimmt ist. Die
Schablone erhält eine zur Achsrichtung winkelrechte Anlegekante für
die Reißschiene und außerdem eine Markierung des Scheitelpunktes.

Bei dem Leitungsentwurf wird an den in die Zeichnung eingetragenen Maststrichen eine Höhe markiert, die durch die Höhe des unteren
Seilaufhängepunktes über Boden abzüglich Mindestbodenabstand, also
durch den größten Durchhang nebst Zuschlag, bestimmt ist. Die durch
diese Punkte gezogenen Durchhangsparabeln sind also um den vorgesehenen Mindestbodenabstand gesenkt (Bild 2).

Bei dem Entwurf geht man von den Winkelmasten aus und trägt
unter Benutzung der Durchhangsschablonen die Tragmaste in einer

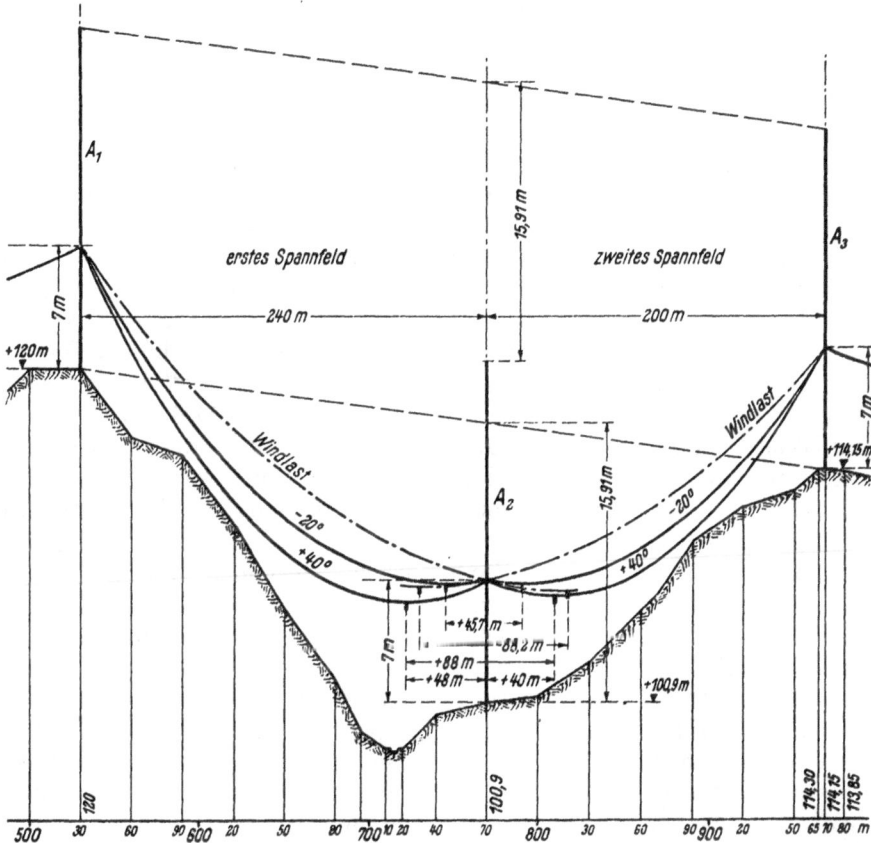

Bild 2. Aufriß einer Weitspannleitung mit Trassierungsdaten, Mastangaben und Durchhangskurven für — 20° C, + 40° C und Windlast (0° C).

solchen Verteilung ein, daß der Mindestbodenabstand gewahrt, der
normale Mastabstand tunlich eingehalten und eine gute Anpassung an
die Geländeverhältnisse unter Wahl günstiger Maststandorte (Wegränder,
Grenzen usw.) erreicht wird. Profil und Durchhangskurven dürfen sich
an keiner Stelle überschneiden. Anormale Mastlängen, die Sonder-
anfertigungen erfordern würden, werden möglichst vermieden.

Der Leitungsentwurf ist außerdem so auszuführen, daß er für jeden
Tragmast den Nachweis einer genügenden Länge getragenen Leitungsseils erbringt. Hierauf muß näher eingegangen werden.

Zum Nachweis der getragenen Seillängen werden an den einge-
zeichneten Durchhangskurven die Scheitelpunkte markiert. Diese liegen
im allgemeinen innerhalb der zugehörigen Felder. Bei Abhängen können
sie auch außerhalb der Felder liegen (Bild 5, S. 22). An der Verwertung der Punkte ändert sich hierdurch nichts.

Die horizontale Entfernung der Scheitelpunkte zweier benachbarter Durchhangskurven voneinander ist die von dem zugehörigen Mittelmast bei dem größten Durchhang getragene Seillänge. Liegen die Mastspitzen auf einer Geraden, wie es z. B. bei normalen Tragmasten in ebenem Gelände der Fall ist, so trägt der Mast die halbe Seillänge seiner Spannfelder. Liegt die Spitze eines Mastes tiefer, so wird seine getragene Seillänge kleiner. Fallen die Scheitelpunkte der Durchhangskurven bei einer sehr tief angenommenen Lage des Aufhängepunktes zusammen, so wird die getragene Seillänge gleich Null. Die Durchhangskurven bilden alsdann eine durchgehende Parabel. Würde die Lage des Aufhängepunktes noch weiter gesenkt werden, so würde der Scheitelpunkt der rechten Durchhangskurve links vom Scheitelpunkt der linken Durchhangskurve zu liegen kommen. In einem solchen Fall ist die Entfernung zwischen den Scheitelpunkten als negative Größe zu werten. Sie ist alsdann ein Maß für die auftretende Anhubkraft, die dem Gewicht dieser Seillänge gleich ist. Es handelt sich dann um keine »getragene«, sondern um eine »hebende« Seillänge. Es ist keine »Seillast«, sondern ein »Seilanhub« vorhanden.

Bei der Planung von Hängeisolatorenleitungen muß unbedingt dafür Sorge getragen werden, daß jeder Seilanhub im Betrieb vermieden wird. Die Hängeketten würden als isolierendes Tragelement versagen, sobald Hubkräfte auftreten, die sie zum Einknicken bringen.

Die größten Durchhänge treten nach den Angaben der Durchhangstabellen im allgemeinen bei einer Temperatur von $+ 40°$ C auf. Der an den Kurven größten Durchhangs durchgeführte Nachweis einer gewissen Seillast genügt nicht. Bei Temperaturen unter $+ 40°$ C und fehlender Zusatzlast werden die Durchhangskurven flacher und damit die getragenen Seillängen bei den tiefer stehenden Masten kürzer. Es muß nachgewiesen werden, daß bei diesen Masten auch bei den zu erwartenden niedrigsten Temperaturen noch Seillast vorhanden ist.

Nach den VDE-Vorschriften muß ferner der Windbelastung Rechnung getragen werden. Die Windkräfte bringen die Seile und mit diesen die Hängeketten zum Ausschwingen. Zur Vermeidung von Überschlägen auf Mast und Traversen darf nur ein begrenzter durch die Mastkonstruktion bedingter Ausschwingwinkel zugelassen werden, dessen Tangente durch Windkraft und Seillast bestimmt ist. Es müssen also gewisse Mindestseillasten bei Windbelastung, wie auch bei einer Temperatur von $- 20°$ C vorhanden sein, die wiederum eine bestimmte (größere!) Mindestlänge getragenen Leitungsseiles bei dem größten Durchhang bedingen.

Bei der Planung von Weitspannleitungen müssen also sehr verschiedenartige Bedingungen erfüllt und viele Gesichtspunkte beachtet werden. Eine befriedigende Lösung läßt sich erst nach einigen, den vorhandenen Möglichkeiten Rechnung tragenden Probeentwürfen finden.

Nivellement und Leitungsentwurf sind für den Bau von Weitspannleitungen, auch bei ebenen Geländeverhältnissen, eine notwendige Voraussetzung. Sie erfordern naturgemäß einen erheblichen Aufwand an Zeit und Arbeit und verursachen hierdurch auch entsprechende Kosten.

B. Die Planung von Kurzspannleitungen ohne Anwendung eines Nivellements. Auftretende Fehler

Bei Kurzspannleitungen mit Spannweiten bis zu 80 m, die fast durchgängig mit Holzmasten und Stützenisolatoren ausgerüstet werden, gestalten sich die Trassierungs- und Planungsarbeiten wesentlich einfacher und damit auch entsprechend billiger. Sie werden im allgemeinen sofort an Ort und Stelle und nicht auf dem Zeichenbrett unter Benutzung von Geländeaufnahmen durchgeführt.

Ein Nivellement ist bei normalen Geländeverhältnissen nicht erforderlich. Höhenmessungen werden regelmäßig nur bei Kreuzungen mit Eisenbahnlinien und Fernsprechleitungen, für die von den zuständigen Behörden genaue Durchhangsberechnungen usw. gefordert werden, vorgenommen. Diese Messungen sind meist einfacher Art, so daß besondere Nivellierinstrumente nicht benötigt werden.

Nach Festlegung und Ausfluchtung der Trasse (Winkelpunkte), bestimmt der Trasseur die Maststandorte, wobei er den Geländeverhältnissen (Wegränder, Grenzen usw.) Rechnung trägt und den für den Bau vorgesehenen normalen Mastabstand tunlich einzuhalten sucht, und pflockt die Strecke ab. In Stützpunktlisten werden von ihm außer den abgemessenen Mastabständen auch die Mastlängen eingetragen, die so ausgewählt werden, daß der geforderte Mindestbodenabstand eingehalten und den Höhenverhältnissen, also dem Profil der Trasse, bestmöglich entsprochen wird.

Der Trasseur von Kurzspannleitungen ist an keine normale Masttype gebunden. Für den Bau von Kurzspannleitungen werden Maste verschiedener Größe, z. B. von 11 bis 15 m Länge, ständig auf Lager gehalten. Bei den kurzen Spannweiten und kleinen Durchhängen ist der Trasseur bei leicht welligem Gelände ohne weiteres in der Lage, die für den geforderten Mindestbodenabstand erforderlichen Mastlängen anzugeben.

Die Anfertigung von Entwurfszeichnungen zum Nachweis von Mindestlängen getragenen Leitungsseils erübrigt sich. Bei Stützenisolatorenleitungen ist das Leitungsseil durch einen Bund fest mit dem Isolator verbunden. Weder kleine Anhubkräfte der Seile noch quer zur Leitungsrichtung wirkende Windkräfte verursachen irgendeine Änderung dieser Verbindung oder eine Beeinträchtigung der Isolationsverhältnisse. Es macht ferner keine Umstände, den Seilbogen bei kleineren Gelände-

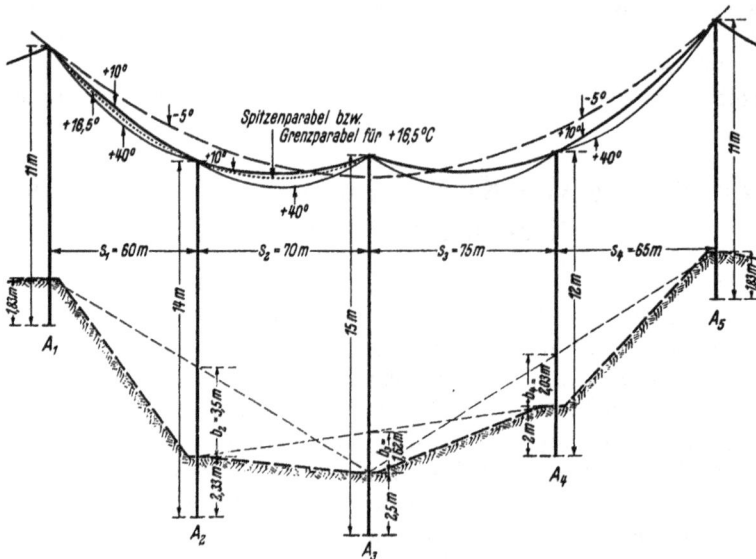

Bild 3. Aufriß einer Kurzspannleitung mit ungleichen Spannweiten. Der Leitungsbogen ist nicht ausgeglichen. Durchhangskurven für + 10° C und + 40° C.

unebenheiten durch Wahl unterschiedlicher Mastlängen auszugleichen. Schwierigkeiten in der Wahl der Mastlängen entstehen bei dem üblichen Verzicht auf Höhenmessungen und Entwurfszeichnungen erst, sobald breite und tiefe Bodensenken oder Flußläufe mit hohen Uferböschungen überquert werden müssen. In solchen Fällen ist es notwendig, die Mastlängen so abzugleichen, daß die Leitung in den Feldern der Bodensenke in ihrer Gesamtheit den Eindruck eines gleichmäßigen Bogens hervorruft. Es dürfen also an keinem Mast auffällige Seilknicke erkennbar sein. Wird die Leitung nicht nach diesem Gesichtspunkt gebaut, so kann die Wahl unzweckmäßiger Mastlängen dahin führen, daß sich das Seil bei den Spannarbeiten von zu kurz gewählten Masten abhebt, und daß diese später im Betrieb durch unzulässig hohe Seilanhubkräfte beansprucht werden.

Es ist schwierig, wenn nicht unmöglich, die für eine Senke zweckmäßigen Mastlängen nach bloßer Schätzung richtig anzugeben. Erfahrungsgemäß versagt in solchen Fällen das Augenmaß, insbesondere bei ungleichmäßigen Senken mit mehr als zwei Spannfeldern.

In Bild 3[1]) ist eine durch eine Bodensenke führende Leitungsstrecke dargestellt, bei der die Mastlängen offensichtlich fehlerhaft festgelegt

---

[1]) Aus Gründen der einfachen Darstellung sind in den Abbildungen, die Kurzspannleitungen wiedergeben, die Aufhängepunkte der Leitungsseile durchweg in die Mastspitzen verlegt worden.

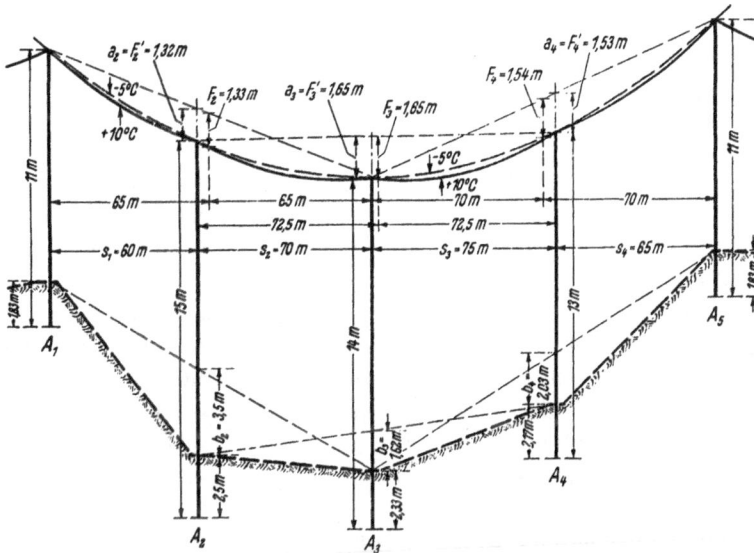

Bild 4. Aufriß einer Kurzspannleitung mit ungleichen Spannweiten und ausgeglichenem Leitungsbogen. Durchhangskurven für + 10° C. Durchgehende Grenzparabel für — 5° C.

worden sind. Die Maste A_2 und A_4 sind zu kurz oder Mast A_3 ist zu lang. Der Leitungsbogen weist bei Mast A_3 einen deutlich in die Augen fallenden Knick auf. Das unharmonische Aussehen des Leitungsbogens entspricht der technisch unbefriedigenden Bauausführung.

Fälle falscher Mastlängenwahl, die das Auftreten großer Hubkräfte zur Folge hat, lassen sich bei ausgeführten Stützenisolatorenleitungen häufiger, als allgemein angenommen wird, nachweisen. Die bei strenger Kälte auftretenden Seilanhubkräfte können bei groben Planungsfehlern sogar das Mastgewicht[1]) wesentlich überschreiten. Es ist vorgekommen, daß durch Seilanhub Tragmaste in sumpfigem Gelände aus dem Untergrund herausgehoben worden sind. Bei normalem Baugrund können Hubkräfte naturgemäß nicht diese Wirkung hervorrufen, da die Bodenreibung jeden Mastanhub verhindert.

Die vielen nachweisbaren Fälle in der Leitung hängender »Trag«-Maste, die in jahrelangem Betrieb keine Veranlassung zu Störungen gegeben haben, liefern den Beweis, daß gut aufgehanfte Isolatoren bei gut ausgeführten Bunden sehr wohl in der Lage sind, erhebliche Hubkräfte aufzunehmen. Anderseits kommt es häufig genug vor, daß Isolatoren von ihren Stützen abgezogen und von dem Seil in die Höhe geschnellt werden, oder daß Bunde hängender Maste reißen. Wenn

---

1) Ein 11 m-Holzmast von 17 bis 19 cm Zopfstärke wiegt mit Armaturen etwa 300 kg.

es sich in solchen Fällen auch meistens um schlechte Bauausführung gehandelt haben mag, so besteht doch alle Veranlassung die auf die Stützenisolatoren wirkenden Seilanhubkräfte möglichst zu beschränken. Hierzu liegt noch ein zweiter Grund vor, nämlich die Sicherung günstiger Spannverhältnisse.

Die Maste werden vielfach nach der Ernte, also im Herbst gesetzt. Daran anschließend im Herbst oder im Winter werden die Leitungen gespannt. Es ist also empfehlenswert, eine Leitung so zu planen, daß sie, wenn eben möglich, bei leichtem Frost noch in normaler Weise gespannt werden kann.

Bei der in Bild 4 dargestellten Leitungsstrecke sind die in Bild 3 zutage tretenden Fehler vermieden. Die Mastlängen sind so abgeglichen, daß ein über vier Felder gehender, völlig gleichmäßiger Leitungsbogen entstanden ist, der unter Vermeidung stärkerer Anhubkräfte auch ungleich günstigere Spannverhältnisse zur Folge haben muß.

Auf den Zeichnungen (Bild 3 und 4) stimmen das Geländeprofil, die Maststandorte, die Spannweiten und die Längen der Endmaste der Bodensenke miteinander überein. Die Längen der Maste A_2, A_3 und A_4 in der Senke sollen in Bild 3 bei der Trassierung durch bloße Schätzung festgelegt worden sein. Die Unterschiede der geschätzten Mastlängen in Bild 3 gegenüber den ausgeglichenen Mastlängen in Bild 4 betragen nur je 1 m. Es handelt sich also bei der gängigen Meterabstufung der Mastlängen um Fehlschätzungen um den kleinstmöglichen Betrag. Derartige Fehlschätzungen kommen in der Praxis häufiger vor und sind nicht als besondere Ausnahmen anzusehen.

Die bei einem Leitungsbau nach Bild 3 vorhandenen wesentlich ungünstigeren Spannbedingungen lassen sich, da den Zeichnungen bestimmte Gelände- und Leitungsverhältnisse zugrunde gelegt sind, mit Hilfe der in dieser Abhandlung entwickelten Formeln in Zahlenwerten angeben.

Bei der in Bild 3 wiedergegebenen Leitungsstrecke hebt sich das Seil bei einem Spannen entsprechend dem vorgesehenen Höchstzug bereits bei Temperaturen unter $+ 16,5°$ C von dem Mast A_2 und bei Temperaturen unter $+ 14,1°$ C von dem Mast A_4 ab, während bei dem in Bild 4 dargestellten Leitungszug das Seil noch bei Temperaturen bis zu $— 5°$ C herunter auf allen Masten in der Bodensenke aufliegt. Eine Verbesserung des Leitungsbaus entsprechend Bild 4 ist also auch mit Rücksicht auf die Spannarbeiten von einer nicht unerheblichen Bedeutung.

Aus diesen Darlegungen geht hervor:

Da es nicht möglich ist, die für Bodensenken zweckmäßigsten Mastlängen nach Augenmaß richtig anzugeben, muß an die Stelle der Schätzung ein auf Höhenmessungen beruhendes Ermittlungsverfahren treten, das die Bildung eines ausgeglichenen Leitungsbogens, die Verringerung der Seilanhubkräfte auf ein zulässiges Maß und die Sicherung günstiger Spannverhältnisse bezweckt.

Damit ergibt sich Inhalt und Umfang der zunächst in Betracht kommenden Aufgabe:

1. Es ist festzustellen, welche Form dem Leitungsbogen in Bodensenken zugrunde zu legen ist.

2. Es ist zu untersuchen, auf welchem Wege die als zweckmäßig erkannte Form des Leitungsbogens erreicht werden kann. Hierfür ist ein der Aufgabe entsprechendes Verfahren auszuarbeiten.

3. Es ist die zur Durchführung des Verfahrens erforderliche Höhenmeßmethode zu entwickeln.

Mit diesen drei Punkten befassen sich die nächsten Ausführungen.

II. Die Planung von Kurzspannleitungen in Bodensenken unter Benutzung von Höhenmessungen[1])

A. Der Leitungsbogen und seine zweckmäßigste Form

In Bild 3 ist kurzgestrichelt die durch die Spitzen der Maste A_1, A_2 und A_3 mögliche Parabel vertikaler Achsrichtung eingetragen (Spitzenparabel). Bezogen auf diese Parabel ist A_2 der »Mittelmast«, der zwischen den »Nachbarmasten« A_1 und A_3 steht.

In Bild 3 sind die stärker gekrümmten Durchhangsparabeln für eine Temperatur von $+ 40°$ C eingetragen. Bei Annahme niedrigerer Temperaturen werden die Durchhangsparabeln flacher. Bei einer bestimmten Temperatur müssen die Durchhangsparabeln mit der kurzgestrichelt gezeichneten Spitzenparabel zusammenfallen, so daß das Seil an dem Mast A_2 keinen Knick mehr aufweist. Der Mast A_2 hält das Seil alsdann nur noch fest, ohne daß dieses irgendeine Vertikalkraft auf den Isolator ausübt. Die für einen solchen Zustand in Frage kommende Temperatur soll die Bezeichnung »Grenztemperatur« eines Mastes mit dem Zeichen t_g erhalten.

Bei allen Temperaturen unter der Grenztemperatur werden die Durchhangsparabeln flacher als die kurzgestrichelt gezeichnete Parabel. Das Leitungsseil übt alsdann eine Hubkraft auf den Mast A_2 aus. Die Grenztemperatur bildet also die Grenze zwischen den Temperaturen, die Seillast, und denen, die Seilanhub hervorrufen.

Wird der Mast A_2 in Bild 3 kürzer oder länger angenommen, so werden die Parabeln vertikaler Achsrichtung, die durch die Spitzen der drei Maste gezogen werden, spitzer oder stumpfer und die zugehörigen Grenztemperaturen höher oder tiefer. Auf diese Weise ergibt sich, unabhängig von der Bauausführung, für jede Grenztemperatur von $- 20°$ C an bis zu $+ 40°$ C, sowie für $- 5°$ C und Zusatzlast eine ganz bestimmte Parabel. Diese Parabeln schneiden die Achse des Mittelmastes in verschiedener Höhe und bilden eine Kurvenschar.

---

[1]) In den Abschnitten II A bis D ist folgende allgemein als richtig anerkannte und in dem Abschnitt IV B begründete Annahme gemacht: Alle Leitungsseile eines Abspannabschnitts hängen nach der gleichen Parabel durch, so daß alle Durchhangskurven eines Abspannabschnitts Stücke ein und derselben Parabel bilden. Diese den Spannfeldern gemeinsame Parabel ändert sich mit der Temperatur und der Zusatzlast und ist durch die mittlere Spannweite bestimmt. Die mittlere Spannweite wird in der vorliegenden Ausarbeitung der normalen Spannweite gleichgesetzt, für die die Durchhänge bei den Temperaturen von $-20°$ C bis $+40°$ C sowie für $-5°$ C und Zusatzlast aus den Durchhangstabellen entnommen werden.

Derartige, die Spitzen der beiden Nachbarmaste verbindende Parabeln sollen die Bezeichnung »Grenzparabeln« erhalten. Wird die Spitze des Mittelmastes auf einer dieser Grenzparabeln angenommen, so bildet die in Frage kommende Parabel die Grenze zwischen den stärker gekrümmten Durchhangskurven, die Seillast bedingen, und den flacheren Durchhangskurven, die Seilanhub zur Folge haben.

Ihrem Wesen nach besteht jede Grenzparabel aus zwei Teilen, nämlich den Durchhangskurven von zwei benachbarten Spannfeldern, die durch die Seilbefestigung am Mittelmast voneinander getrennt sind und bei der Grenztemperatur eine durchgehende Parabellinie bilden. Die Grenzparabel ist daher durch den Durchhang der Einzelfelder und damit durch die für die normale Spannweite bei den verschiedenen Temperaturen ohne und mit Zusatzlast in Frage kommenden Durchhänge bestimmt.

Würde man in Bild 3 zu der Spitzenparabel für den Mast A_2 noch die Spitzenparabeln für die Maste A_3 und A_4 eintragen, so ergeben sich drei verschieden geartete Kurven, die die unterschiedliche Krümmung des Leitungsbogens in der Bodensenke kennzeichnen. In der Mitte bei Mast A_3 erhält man eine fast gerade Linie. Die Spitzenparabel für den Mast A_4 fällt, da sich die Grenztemperaturen nur wenig unterscheiden (s. Abschnitt I B), ähnlich derjenigen aus, die für Mast A_2 punktiert eingezeichnet ist. Die Spitzenparabeln decken sich nicht. Der Leitungsbogen hat daher ein sehr unharmonisches Aussehen.

In Bild 4 dagegen stimmen die Grenztemperaturen der drei Maste in der Bodensenke miteinander überein (— 5° C). Die Grenzparabeln für — 5° C decken sich mit den Spitzenparabeln der drei Maste in der Bodensenke und bilden eine von dem Mast A_1 bis zum Mast A_5 durchgehende Parabellinie. Der Leitungsbogen ist restlos abgeglichen. Die Leitung kann bis zu einer Temperatur von — 5° C herunter einwandfrei gespannt werden, ohne daß sich das Seil beim Spannen von einem der Maste abhebt.

In Bild 3 ist die durchgehende Grenzparabel für — 5° C von Bild 4 ebenfalls langgestrichelt eingetragen. Die Spitzen der Maste A_2 bis A_4 liegen in Bild 3 teils über, teils unter dieser Parabel. Durch einen passenden Abgleich der Mastlängen ist es also bei der Ausführung nach Bild 4 gelungen, die Grenztemperaturen der Maste A_2 und A_4 von + 16,5° C bzw. + 14,1° C auf — 5° C zu senken.

Damit ist die technisch günstigste Form für den Leitungsbogen gefunden.

Eine durch eine Bodensenke führende Kurzspannstrecke ist demnach so zu planen, daß die Mastspitzen auf einer durchgehenden Parabel vertikaler Achsrichtung liegen. Der aus den einzelnen Durchhangsparabeln bestehende Leitungsbogen hat alsdann in seiner Gesamtheit ebenfalls ein parabelähnliches Aussehen und gewährt einen harmonischen Anblick. Das gute Aussehen des Leitungsbogens entspricht der zweckmäßigen, technisch einwandfreien Bauausführung.

B. Die Planung von Kurzspannleitungen in Bodensenken unter Benutzung eines Streckenprofils

Für den Fall, daß ein Streckenprofil zur Verfügung steht, ist es, wie Bild 4 zeigt, ohne weiteres möglich, die Maste einer Bodensenke so abzugleichen, daß eine vorgeschriebene Grenztemperatur eingehalten wird.

In das Streckenprofil werden die Endmaste der Bodensenke in ihren »freien« Längen, d. h. den Mastlängen über Boden[1]), eingetragen. Sodann fertigt man eine Schablone der Grenzparabel für die vorgeschriebene Grenztemperatur an. Die durch die Spitzen der Endmaste gezogene Grenzparabel bestimmt die freien Längen der Maste in der Bodensenke, die sich ohne weiteres abgreifen lassen. Man erhält aus den »freien« Mastlängen die »vollen« Mastlängen, indem man zu den freien Mastlängen die vorgeschriebene Eingrabetiefe der Maste ($^1/_5$ der freien Mastlänge) addiert. Damit ist die Aufgabe zwar gelöst, die Ergebnisse lassen sich aber nicht verwerten.

Bei flachen Senken können Mastlängen gefunden werden, die die vorhandenen Mastlängen unterschreiten, bei breiten und tiefen Senken solche, die diese überschreiten. Die Geländeverhältnisse üben also einen bestimmenden, die Bewegungsfreiheit beschränkenden Einfluß auf die Wahl der Grenztemperatur aus. In jedem Fall werden aber Mastlängen in gebrochenen Meterzahlen gefunden, während die vorhandenen im Handel gebräuchlichen Mastlängen nach vollen Meterzahlen abgestuft sind.

Es empfiehlt sich nicht, die gegen Fäulnis geschützten, besonders präparierten Maste auf die graphisch ermittelten Werte zuzuschneiden, einzelne Maste tiefer einzugraben oder die Traversen an einzelnen Masten niedriger zu setzen. Das vorhandene Mastenmaterial muß so, wie es ist, unter Anwendung der normalen Bauweise verwendet werden.

Bei Verwendung normaler Mastlängen ist es nicht mehr möglich, einen genau parabelförmigen Leitungsbogen zu erzielen und damit für alle Maste in einer Bodensenke die gleiche Grenztemperatur einzuhalten. Es liegt auch kein Grund vor, eine derartige Forderung aufzustellen. Es genügt, wenn sich der Leitungsbogen der Parabelform

---

[1]) Die Längen der Endmaste einer Bodensenke sind regelmäßig als bekannt anzunehmen. In dieser Ausarbeitung ist bei Kurzspannleitungen durchgängig mit Endmasten von 11 m voller Länge gerechnet worden. Als »freie« Längen sind $^5/_6$ der vollen Mastlänge anzunehmen, s. Abschnitt II C, S. 25.

soweit nähert, als es das vorhandene Mastenmaterial gestattet, alle Maste in der Senke annähernd die gleiche Grenztemperatur aufweisen und die vorgesehene Grenztemperatur, wenn ausführbar, bei keinem der Maste überschritten wird.

Jedes Verfahren zur Bestimmung der zweckmäßigsten Mastlängen in Bodensenken, gleichgültig, ob dieses Verfahren zeichnerischer oder rechnerischer Art ist, muß sich den vorhandenen Geländeverhältnissen anpassen und dem Umstand Rechnung tragen, daß Maste in Meterabstufungen zur Verwendung gelangen, die unter Einhaltung der normalen Bauweise gesetzt werden. Die zweckmäßigsten Mastlängen für eine Bodensenke lassen sich nicht mit Hilfe einer Konstruktion oder einer Gleichung ermitteln. Eine für die Ausführung zusagende Lösung kann nur durch Probieren auf Grund von Ausführungsannahmen, die man zu verbessern sucht, gefunden werden. Es kommt — das geht aus dem Gesagten bereits hervor — in erster Linie auf einen geschickten Abgleich der Mastlängen unter passender Ausnutzung des vorhandenen Mastenmaterials an.

Stehen Schablonen für verschiedene Grenztemperaturen zur Verfügung, so läßt sich auch auf graphischem Wege ein guter Abgleich der Mastlängen und damit ein ausgeglichener Leitungsbogen erreichen. Die endgültig verwandte Schablone gibt hierbei einen Anhalt, welche Grenztemperatur zu erwarten ist.

Für das geschilderte Verfahren muß ein auf Grund von Nivellementsaufnahmen gezeichnetes Streckenprofil zur Verfügung stehen. Für den Trasseur bedeutet die Forderung eines Nivellements für einige, vielleicht nur kurze Teilstrecken die Anwendung einer Arbeitsweise, für die ihm die Nivellierinstrumente nicht immer zur Hand sind. Er muß sich also gegebenenfalls mit behelfsmäßigen Mitteln begnügen. Die Auswertung der Aufnahmen erfordert, bis die gewünschten Ergebnisse zur Verfügung stehen, alsdann noch erhebliche Zeichen- und Planungsarbeiten auf dem Baubüro. Mit einem solchen Verfahren sind also immer beträchtliche Kosten und Umstände verbunden.

Es wäre von Vorteil, wenn die notwendigen Höhenmessungen von dem Trasseur unter ausschließlicher Benutzung von Fernglas und Fluchtstäben ausgeführt und die Meßergebnisse ohne Zeichenarbeiten sofort auf der Strecke ausgewertet werden könnten. Ein Verfahren, das diese .Bedingungen erfüllt und eine genaue Berechnung der zu erwartenden Grenztemperaturen gestattet, soll im nächsten Abschnitt beschrieben werden.

C. Die Planung von Kurzspannleitungen in Bodensenken unter Benutzung von Bezugshöhen

Durch die Anwendung des in diesem Abschnitt in den Hauptricht-linien beschriebenen Verfahrens soll ein Leitungsbogen erzielt werden, der sich der Parabelform soweit nähert, als es das zur Verwendung ge-langende Mastenmaterial gestattet. Zur Bestimmung der zweckmäßig-sten Mastlängen in Bodensenken wird jedoch nicht die Parabelkurve selbst benutzt wie bei dem zu Anfang des vorigen Kapitels geschilderten graphischen Verfahren, sondern es werden bestimmte mathematische Eigenschaften der Parabel auf den die Senke durchziehenden Leitungs-bogen angewandt und zum Abgleich der Mastlängen verwertet.

Das Verfahren soll zunächst an einem vereinfachten Beispiel ent-wickelt werden.

a) Entwicklung des Verfahrens für eine Talstrecke mit Feldern gleicher Spannweite. Bild 5 S. 22, das eine durch eine Bodensenke führende Teilstrecke einer Kurzspannleitung darstellt, ist so entworfen worden, daß die Spitzen der Maste A_1 bis A_5 auf einer durch-gehenden, langgestrichelt eingetragenen Grenzparabel für eine Tem-peratur von $+ 10°$ C liegen. Die vier Spannfelder weisen gleiche Länge $s_n = 70$ m auf. Für die freien Längen der Maste sind gerade Zahlen und Abstufungen in ganzen Metern angenommen worden (9, 11, 12 und 13 m). Der Durchhang bei der normalen Spannweite $s_n = 70$ m beträgt bei dem für die Leitung angenommenen $50\,\text{mm}^2$-Aluminiumseil mit $8\,\text{kg/mm}^2$ Höchstzugspannung bei der Temperatur von $+ 10°$ C $f_{ng} = 0,625$ m und bei $+ 40°$ C $f_n = 1,14$ m (s. Durchhangstabelle S. 70).

Für den Durchhang einer Leitung geben die VDE-Vorschriften folgende Begriffserklärung: »Durchhang der Leitung ist der Abstand der Mitte der Verbindungslinie ihrer beiden Aufhängepunkte von dem senkrecht darunter liegenden Punkt der Leitung.«

Bei gleicher Spannweite sind die Durchhänge in allen Spann-feldern gleich groß. Die Höhendifferenzen sind ohne Einfluß. Dieses läßt sich aus der Parabelgleichung bekanntermaßen ohne weiteres ab-leiten. Die für eine Temperatur von $+ 40°$ C gezeichneten Durchhangs-parabeln weisen daher in allen Spannfeldern den gleichen Wert f auf: $f_1 = f_2 = f_3 = f_4 = f_n = 1,14$ m.

Die durchgehende Grenzparabel für $+ 10°$ C muß dem gleichen Gesetz folgen. Die Durchhänge der Grenzparabel in den einzelnen Spannfeldern stimmen miteinander überein ($f_{ng} = 0,625$ m).

Unter Durchhang einer Grenzparabel soll nun nicht ihr Durchhang in einem Spannfeld verstanden werden. Die Grenzparabel bezieht sich immer auf zwei (oder mehr) Spannfelder. Unter Durchhang einer Grenzparabel soll, wenn nur zwei Spannfelder in Frage kommen, der Durchhang in der Mitte dieser zwei Spannfelder gemeint sein. Dieser

Durchhang soll das Zeichen F erhalten, dem der Index des zugehörigen Mittelmastes beigefügt wird, z. B. F_2. Bezieht sich die Grenzparabel auf mehr als zwei Spannfelder, so wird dem Zeichen F ein Index beigefügt, der auf die gesamte in Frage kommende Strecke oder die verschiedenen Mittelmaste hinweist, z. B. $F_{480\,m}$ bzw. F_{2-4}. Da sich die Durchhänge der Grenzparabel mit der Temperatur ändern, müßte dem Zeichen F noch ein weiterer Index zugefügt werden, der die Temperatur angibt. Hiervon soll der Umstände halber nur in Ausnahmefällen Gebrauch gemacht werden. Die dem F-Zeichen fehlenden Temperaturangaben sollen im allgemeinen durch Angaben im Text ersetzt werden.

Da die Durchhänge bei der Parabel quadratisch mit der Spannweite wachsen, ergibt sich in Bild 5 für den Mast A_2:

$$F_2 = f_{ng} \cdot \frac{(s_1 + s_2)^2}{s_n{}^2} = 4\,f_{ng} = 2{,}5\,\text{m} \quad \ldots \ldots (1)$$

Da gleiche Spannweiten angenommen wurden, stimmen die Durchhänge der Grenzparabeln bei den drei Masten in der Bodensenke miteinander überein:

$$F_2 = F_3 = F_4 = 4\,f_{ng} = 2{,}5\,\text{m}.$$

Durch die Grenzparabel und die Verbindungslinie der Spitzen der Nachbarmaste wird an dem Mittelmast eine Höhe bestimmt, die die Bezeichnung **Durchhang der Grenzparabel am Mast** und das Zeichen F' erhalten soll. Diesem Zeichen wird der gleiche Index beigefügt, den das Zeichen F erhält.

Bei den übereinstimmenden Spannweiten von Bild 5 fällt der Durchhang der Grenzparabel in der Mitte von zwei Spannfeldern mit dem Durchhang am Mast zusammen. Es wird also für Bild 5 bei gleichen Spannweiten:

$$F = F' = 4\,f_{ng} = 2{,}5\,\text{m}.$$

Bis jetzt ist die Zeichnung Bild 5 ausschließlich von der Seite der Durchhangsparabeln und der Grenzparabel für $+ 10°$ C aus betrachtet worden. Es ist nun notwendig, die Blickrichtung umzustellen und die in Bild 5 dargestellte Kurzspannstrecke von der Seite des Leitungsbaus aus zu betrachten.

Die Durchhänge F_2 bis F_4 bzw. F_2' bis F_4' haben auch die Bezeichnungen a_2 bis a_4 erhalten. Mit dem letzten Buchstaben sollen Höhen gekennzeichnet werden, die sich durch den Leitungsbau ergeben. Die Strecke a stellt die »relative« Höhe einer Mastspitze im Vergleich zu den Höhen der Spitzen der Nachbarmaste und damit eine »Bezugshöhe« dar. Für Bezugshöhen von Mastspitzen läßt sich in Anlehnung an die wiedergegebene VDE-Fassung für den Durchhang folgende Begriffserklärung geben:

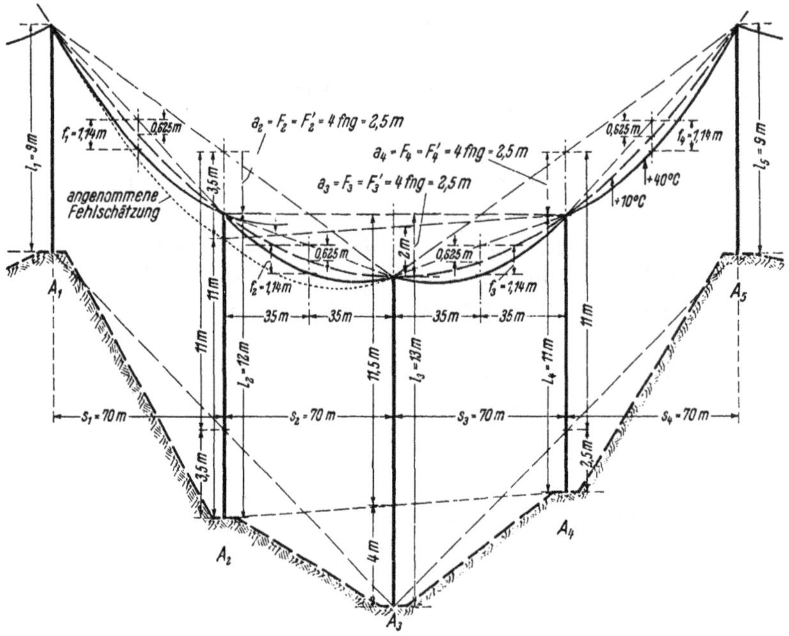

Bild 5. Aufriß einer Kurzspannleitung mit gleichen Spannweiten und ausgeglichenem Leitungsbogen. Durchhangskurven für + 40° C.

»Bezugshöhe einer Mastspitze ist der Abstand der Mastspitze von dem senkrecht darüber liegenden Punkt der Verbindungslinie der Spitzen der Nachbarmaste.«

Die Bezugshöhen der Mastspitzen sollen das Zeichen a erhalten, dem der Mastindex beigefügt wird.

In gleicher Weise ergibt sich für die Bezugshöhen der Mastfußpunkte folgende Begriffserklärung:

»Bezugshöhe eines Mastfußpunktes ist der Abstand des Mastfußpunktes von dem senkrecht darüber liegenden Punkt der Verbindungslinie der Fußpunkte der Nachbarmaste.«

Die Bezugshöhen der Mastfußpunkte werden mit dem normalen Handwerkszeug des Trasseurs, also mit Fluchtstäben und Fernglas, gemessen. Sie sollen mit dem Buchstaben b, dem der Mastindex beigefügt wird, bezeichnet werden.

Es handelt sich bei den Bezugshöhen also nicht um absolute Höhen bezogen auf eine horizontale Niveaulinie, sondern um relative Höhen bezogen auf schräge Linien, die zwei benachbarte Punkte verbinden.

Für die Durchführung der Rechnungen hat es sich als zweckmäßig erwiesen, diese Bezugshöhen als positive Werte anzunehmen, wenn die Bezugspunkte unter den zugehörigen Verbindungslinien liegen. Im umgekehrten Fall sind demnach negative Werte einzusetzen, worauf geachtet werden muß.

Zwischen den Bezugshöhen der Mastspitzen, den freien Längen der Maste und den Bezugshöhen der Mastfußpunkte besteht bei den günstig gewählten Verhältnissen von Bild 5 für jeden Mast in der Senke folgende einfache Beziehung:

Die mittlere freie Länge der Nachbarmaste, vermehrt um die Bezugshöhe des Mastfußpunktes, vermindert um die eigene freie Mastlänge, ergibt die Bezugshöhe der Mastspitze.

Bezeichnet man die freie Länge eines Mastes mit l und fügt den Mastindex bei, so ergibt sich für Mast A_2 folgende Gleichung:

$$a_2 = \frac{l_1 + l_3}{2} + b_2 - l_2 \quad \ldots \ldots \ldots \ldots (2)$$

und nach Einsetzen der in Bild 5 vermerkten Höhen folgender Wert:

$$a_2 = \frac{9 + 13}{2} + 3,5 - 12 = 2,5 \text{ m.}$$

Dieser a_2-Wert stimmt selbstverständlich mit den auf S. 21 berechneten F_2- bzw. F_2'-Werten überein.

Für die Maste A_3 und A_4 werden bei Anwendung der Formel (2) mit den für die Maste A_3 und A_4 in Frage kommenden l- und b-Werten die gleichen a-Werte, nämlich $a_3 = a_4 = 2,5$ m, gefunden, die mit den zugehörigen F- bzw. F'-Werten ebenfalls übereinstimmen.

Es ergibt sich nun für eine Strecke mit gleichen Spannweiten, wie sie in Bild 5 dargestellt ist, folgende einfache Schlußfolgerung:

Gelingt es dem Trasseur, die Mastlängen in einer Bodensenke durch Anwendung der Formel (2) so abzugleichen, daß die Bezugshöhen der Mastspitzen gleiche Werte aufweisen, so liegen die Mastspitzen auf einer durchgehenden Parabel.

Damit hat der Trasseur die Gewißheit, daß das Leitungsseil nach der Bauausführung einen gleichmäßigen Leitungsbogen bildet und alle Maste in der Bodensenke die gleiche Grenztemperatur aufweisen.

Die Grenztemperatur kann aus den Durchhangstabellen gefunden werden, indem man die Bezugshöhe a dem Durchhang der Grenzparabel am Mast F' bzw. dem F-Wert gleichsetzt. ($a = F' = F = 4 f_{ng}$. Für $f_{ng} = 0,625$ m und $s_n = 70$ m ergibt sich alsdann aus der Durchhangstabelle die Grenztemperatur $t_g = + 10°$ C.)

Die für eine Bodensenke zweckmäßigen Mastlängen lassen sich nur durch Versuche finden. Es sei angenommen, daß der Trasseur bei der in Bild 5 dargestellten Leitungsstrecke für die Maste A_3 und A_4 die angegebenen Werte (13 und 11 m), für den Mast A_2 aber die zu kurze, freie Mastlänge von 11 m geschätzt hätte. Der a_2-Wert vergrößert sich infolgedessen von 2,5 m auf 3,5 m, während sich der Wert von a_3 von

2,5 m auf 2,0 m verkleinert. Die Differenz dieser a-Werte beträgt also 1,5 m. Diese Differenz und der Vergleich der a-Werte: $a_2 = 3,5$ m, $a_3 = 2,0$ m und $a_4 = 2,5$ m weisen sehr deutlich darauf hin, daß Mast A_2 verlängert werden muß. Nimmt man den Mast um 1 m länger an, so ergibt eine neue Rechnung für alle Maste in der Bodensenke den gleichen Wert von $a_2 = a_3 = a_4 = 2,5$ m.

In der Praxis kann man die in Bild 5 vorhandene restlose Übereinstimmung der a-Werte nicht erreichen. Es genügt, daß man bei gleichen Spannweiten ungefähr gleiche a-Werte erzielt.

b) Die Werte von F und F' bei ungleichen Spannweiten. Die Verhältnisse werden etwas verwickelter, wenn die Mastabstände nicht mehr gleich sind, was bei Bodensenken meistens der Fall ist, und wenn mit den vorhandenen vollen Mastlängen gerechnet werden muß. Das auf der Anwendung der einfachen Formel (2) beruhende Abgleichverfahren kann aber ohne grundsätzliche Änderung beibehalten werden.

Da die Durchhänge mit dem Quadrat der Spannweite zunehmen, läßt sich nach Formel (1) ein Schaubild zeichnen, das die Durchhänge F der Grenzparabel in dem Bereich der doppelten normalen Spannweite (z. B. von 120 bis 160 m) für die in Frage kommenden Grenztemperaturen (z. B. von — 10° C bis + 20° C) wiedergibt (s. Bild 13, S. 75).

Die in der Mitte von zwei Spannfeldern auftretenden Durchhänge F der Grenzparabel sind bei ungleichen Spannfeldlängen nicht identisch mit den F'-Werten, also den Durchhängen der Grenzparabel am Mast (Bild 4). Der Unterschied ist an sich klein. Um ein Beispiel zu geben: Der F'-Wert weicht bei zwei Spannfeldern von 60 und 80 m Länge erst um 2% von dem Durchhang F ab. Bei Durchhängen der Grenzparabel von 1,50 bis 2,50 m beträgt der Unterschied erst 3 bis 5 cm.

Für den Abgleich der Mastlängen ist diese Differenz ohne jede Bedeutung. Sie wird hier infolgedessen nicht berücksichtigt. Es macht jedoch, wenn man sehr genau rechnen will, keine Mühe, diese Differenz bei der Bestimmung der Grenztemperaturen in Betracht zu ziehen. Den errechneten a-Werten bzw. den diesen gleichzusetzenden F'-Werten für die Grenztemperatur wäre die Korrektur K'', die einem zweiten Schaubild, s. Bild 14, entnommen wird, zuzufügen. Für den sich ergebenden Durchhang der Grenzparabel F findet man dann die zugehörige Grenztemperatur aus dem Bild 13. Nähere Erläuterungen zu dem Bild 14 werden später gegeben (S. 65).

Wichtig ist folgendes: Die F-Werte wachsen quadratisch mit der Summe der Spannweiten. Die F'-Werte weichen nur um einen Bruchteil von F-Werten ab. Bei dem Abgleich der Mastlängen müssen den größeren Spannfeldlängen auch größere a- bzw. F'-Werte zugeordnet werden.

Bei mittleren Spannweiten von 65, 70 und 75 m verhalten sich die F-Werte wie $65^2 : 70^2 : 75^2$, also wie $0,87 : 1,00 : 1,15$. Die Unterschiede werden von wesentlicher Bedeutung, wenn die Senke ausnahmsweise sehr kleine und sehr große Spannfelder umfaßt. Bei vier Spannfeldern von 60, 60, 80 und 80 m Länge betragen die mittleren Spannweiten 60, 70 und 80 m. Die F-Werte verhalten sich also wie $60^2 : 70^2 : 80^2$ $= 0,74 : 1,00 : 1,30$. Diesen Verhältnissen muß bei dem Abgleich der Mastlängen unbedingt Rechnung getragen werden.

c) Die Werte von a unter Berücksichtigung der unterschiedlichen Eingrabetiefen der Maste bei gleichen und ungleichen Spannfeldlängen. Nach den VDE-Vorschriften müssen Einfachmaste mindestens auf ein Sechstel ihrer Länge im Boden eingegraben werden. Die gängigen Maste weisen Gesamtlängen in ganzen Meterzahlen auf. Nimmt man den kleinsten Wert der Eingrabetiefe der VDE-Vorschriften als Festwert an, was in dieser Ausarbeitung durchweg beibehalten wird, so hat z. B. ein 13 m-Mast eine freie Länge von 10,83 m. Setzt man die sich ergebenden freien Längen in die Formel (2) ein, so wird der Gebrauch der Formel (2) wesentlich umständlicher. Die Rechnung läßt sich nicht mehr so leicht im Kopf durchführen. Es müssen Zahlen verwandt werden, die Dezimalstellen enthalten, und deren Zusammenhang mit den geraden Meterzahlen der vollen Mastlängen nicht ohne weiteres zu erkennen ist. Es wäre naturgemäß sehr erwünscht, wenn die einfache Formel (2) auch bei Verwendung der vollen Mastlängen l_v beibehalten werden könnte. Hierzu ist eine Umformung von Formel (2) notwendig. Es ist:

$$a_2 = \frac{\frac{5}{6} l_{v1} + \frac{5}{6} l_{v3}}{2} + b_2 - \frac{5}{6} l_{v2}$$

oder

$$a_2 = \frac{l_{v1} + l_{v3}}{2} + b_2 - l_{v2} + \frac{1}{6}\left(l_{v2} - \frac{l_{v1} + l_{v3}}{2}\right) \quad \ldots \ldots (2')$$

Die ersten drei Summanden der rechten Seite dieser Gleichung entsprechen in ihrem Aufbau genau der Formel (2). Ihre Summe sei mit a' bezeichnet. Die Beziehung für a' stellt die **Grundformel für die Berechnung der Bezugshöhen der Mastspitzen** unter Verwendung der vollen Mastlängen ohne Berücksichtigung der unterschiedlichen Eingrabetiefen dar:

$$\boxed{a_2' = \frac{l_{v1} + l_{v3}}{2} + b_2 - l_{v2}} \quad \ldots \ldots \ldots (3)$$

Der vierte Summand von Gleichung (2′) liefert die Korrektur von a', die die unterschiedliche Eingrabetiefe berücksichtigt.

Der Klammerwert dieses Korrekturgliedes ist die Mehrlänge des Mittelmastes im Vergleich zu den Nachbarmasten, die mit M bezeichnet werden soll:

$$M_2 = l_{v2} - \frac{l_{v1} + l_{v3}}{2}.$$

Unter Berücksichtigung der unterschiedlichen Eingrabetiefen ergibt sich daher für die Bezugshöhen der Mastspitzen bei Strecken mit gleichen Spannweiten:

$$a = a' + \frac{1}{6} \cdot M$$

bzw.

$$\boxed{a_2 = \frac{l_{v1} + l_{v3}}{2} + b_2 - l_{v2} + \frac{1}{6} \cdot M_2} \quad \ldots \ldots (4)$$

Bei gleichmäßig gekrümmten Bodensenken und gleichen Spannweiten ergeben sich gleiche M-Werte. Handelt es sich z. B. um eine Bodensenke, die bei einem gleichmäßigen b-Wert von 2,5 m Mastlängen von 11, 14, 15, 14 und 11 m erfordert, so beträgt die Mehrlänge des jeweiligen Mittelmastes durchgehend 1 m. Wendet man bei dem Abgleich der Mastlängen an Stelle der umständlicheren Formel (4) die einfachere Formel (3) an, so ergeben sich a'-Werte, die im Vergleich zu den a-Werten um den gleichen an sich schon geringen Betrag von 0,17 m zu klein sind. Dieser den a'-Werten gemeinsame Fehler spielt bei dem Abgleich der Mastlängen keine Rolle. Man verwendet daher zweckmäßigerweise bei allen Abgleichrechnungen zuerst ausschließlich die einfache Formel (3). Nur bei sehr ungleichmäßigen b-Werten ist es notwendig, die unterschiedliche Eingrabetiefe der Maste durch Anwendung der Formel (4) sofort zu berücksichtigen.

Die Formel (4) hat aber nur bei gleichen Spannweiten volle Gültigkeit. Die an dem Mittelmast durch die Verbindungslinien der Mastfußpunkte und der Mastspitzen begrenzte Höhe ist bei ungleichen Spannweiten und ungleichen Längen der Nachbarmaste nicht genau gleich dem algebraischen Mittelwert der freien Längen der Nachbarmaste. Dem Wert a' muß zur vollständigen Genauigkeit noch eine weitere Korrektur zugefügt werden, die mit K' gekennzeichnet werden soll. Die genaue Formel für die durch den Leitungsbau bedingte Bezugshöhe der Mastspitze heißt also:

$$a = a' + \frac{1}{6} M + K'$$

$$\boxed{a_2 = \frac{l_{v1} + l_{v3}}{2} + b_2 - l_{v2} + \frac{1}{6} M_2 + K'} \quad \ldots \ldots (5)$$

Der Korrekturwert K' ist an sich klein und wird bei den Abgleichsrechnungen nicht berücksichtigt. Bei Spannfeldern von 60 und 80 m und vollen Längen der Nachbarmaste von 15 und 11 m bzw. 11 und 15 m beträgt die Korrektur $\pm$ 24 cm. Zum praktischen Gebrauch empfiehlt es sich, ein Schaubild zu zeichnen, das die Werte K' abhängig von der Differenz der Spannweiten für Längenunterschiede der Nachbarmaste von 1 bis 4 m wiedergibt, (s. Bild 15). Die Berechnung des Korrekturwertes selbst wird später gegeben (s. S. 64).

d) **Anwendung des Verfahrens auf die in Bild 3 wiedergegebene Leitungsstrecke.** Es soll nun gezeigt werden, daß es mit der alleinigen Anwendung der einfachen Formel (3), die eine Kopfrechnung gestattet, möglich ist, die in Bild 3 wiedergegebenen Fehler in der Abschätzung der Mastlängen, die nur je 1 m betragen, richtig zu erkennen und die in Bild 4 dargestellte günstigste Lösung zu finden.

Es kommt zunächst nur auf einen Abgleich der Bezugshöhen der Mastspitzen an.

Der Trasseur hat in seine Stützpunktliste, besser aber in einen besonderen Vordruck die Mastnummern, die Mastabstände, die gemessenen Bezugshöhen der Mastfußpunkte, die Längen der Endmaste A_1 und A_5, sowie die von ihm geschätzten Mastlängen A_2 bis A_4 eingetragen (Beispiel s. Zahlentafel I, Spalten 1, 2, 3 und 5).

Der Trasseur rechnet nun an Hand der Daten der Stützpunktliste die Näherungswerte a' der Bezugshöhen der Mastspitzen nach Formel (3) im Kopf aus oder benutzt den der Zahlentafel I zugrunde liegenden besonderen Vordruck, der ihm die Rechnung erleichtert.

Seine Rechnung für Mast A_2 lautet:
Mittlere Länge der Nachbarmaste:

$$\frac{l_{v1} + l_{v3}}{2} = \frac{11 + 15}{2} = 13 \text{ m,}$$

hierzu der Wert von $b_2 = + 3,5$ m: $13 + 3,5 = 16,5$ m; hiervon abgezogen die Länge des Mittelmastes $l_2 = 14$ m: $16,5 - 14 = + 2,5$ m $= a_2'$.

In gleicher Weise errechnet er die a'-Werte für die Maste A_3 und A_4 und trägt die gefundenen Werte in den Vordruck ein.

Zahlentafel I zeigt den Vordruck mit den Ergebnissen der ersten Rechnung. b und a' sind mit Vorzeichen eingetragen, da auch negative Werte möglich sind.

Zahlentafel I. Ergebnisse der ersten Rechnung.

1	2	3	4	5	6	7	8
Mastnummer	volle Mastlänge	Spannweite	mittlere Länge der Nachbarmaste	Bezugshöhe der Mastfußpunkte	Summe	eigene Mastlänge	Bezugshöhe der Mastspitze $a' = l_m + b - l_v$
Nr.	l_v	s	l_m	b	$l_m + b$	l_v	
A_1	11						
		60					
A_2	14		13	$+3,5$	16,5	14	$+2,5$
		70					
A_3	15		13	$+1,62$	14,62	15	$-0,38$
		75					
A_4	12		13	$+2,03$	15,03	12	$+3,03$
		65					
A_5	11						

Den gefundenen großen Werten $a_2' = 2,5$ m und $a_4' = 3,03$ m steht der noch dazu negative Wert $a_3' = -0,38$ m gegenüber. Die Unterschiede der a'-Werte betragen: $a_2' - a_3' = 2,88$ m und $a_4' - a_3' = 3,41$ m. Zum Abgleich der a'-Werte müssen entweder bei den Masten A_2 und A_4 größere Längen angenommen werden oder es muß Mast A_3 gekürzt werden. Da 15 m-Maste zur Verfügung stehen, wird zunächst der erste Weg beschritten. Bei der in Zahlentafel II durchgeführten zweiten Rechnung sind die Maste A_2 und A_4 gegenüber den Schätzwerten der Zahlentafel I um je 1 m länger angenommen worden.

Zahlentafel II. Ergebnisse der zweiten Rechnung.

1	2	3	4	5	6	7	8
Nr.	l_v	s	l_m	b	$l_m + b$	l_v	$a' = l_m + b - l_v$
A_1	11						
		60					
A_2	15		13	$+3,5$	16,5	15	$+1,5$
		70					
A_3	15		14	$+1,62$	15,62	15	$+0,62$
		75					
A_4	13		13	$+2,03$	15,03	13	$+2,03$
		65					
A_5	11						

Die Unterschiede zwischen den a'-Werten betragen jetzt nur noch maximal 1,41 m. Die Ergebnisse können aber noch nicht als befriedigend angesehen werden, da Mast A_3 mit den größten Spannfeldlängen (70 und 75 m) den kleinsten a'-Wert aufweist ($+0,62$ m). Da 16 m-Maste fehlen, ist es nicht mehr zulässig, bei den Masten A_2 und A_4 größere Längen einzusetzen. Mast A_3 wird deshalb um 1 m gekürzt. Der Vordruck hat nach Ausführung der dritten Rechnung das Aussehen der Zahlentafel III.

— 29 —

Zahlentafel III. Ergebnisse der dritten Rechnung.

1	2	3	4	5	6	7	8
Nr.	l_v	s	l_m	b	l_m+b	l_v	$a'=l_m+b-l_v$
A_1	11						
		60					
A_2	15		12,5	+3,5	16,0	15	+1,0
		70					
A_3	14		14,0	+1,62	15,62	14	+1,62
		75					
A_4	13		12,5	+2,03	14,53	13	+1,53
		65					
A_5	11						

Der Abgleich der Mastlängen ist nunmehr durchgeführt. Mast A_2, der die kürzesten Spannweiten aufweist, hat auch den kleinsten Wert von a' und Mast A_3 mit den größten Spannweiten den größten Wert von a'.

Folgerichtig und in der Größenordnung sprunghaft haben sich die Unterschiede zwischen den a'-Werten verkleinert, und zwar von maximal 3,41 m bis auf maximal 0,62 m. Die Rechnung führte zwangsmäßig von der in Bild 3 dargestellten Fehlschätzung zu der in Bild 4 wiedergegebenen Lösung. Irgendeine Verbesserung ist nicht mehr möglich. Auch die gefundenen a'-Werte befriedigen. Sie lassen darauf schließen, daß der F-Wert bei normaler Spannweite bei etwa 1,6 m und die Grenztemperatur nach Bild 13 bei etwa — 5° C liegt. Damit ist die Planungsarbeit des Trasseurs beendet. Da es sich um eine Mulde ohne besondere Erhebungen handelt, werden die geforderten Mindestbodenabstände ohne weiteres eingehalten.

In Zahlentafel IV ist eine genaue Berechnung der in Frage kommenden Grenztemperaturen und damit eine Prüfung der gesamten Rechnung durchgeführt. Hierbei wurden die Gleichungen (3), (4) und (5), sowie die Bilder 13, 14 und 15 benutzt.

Zahlentafel IV. Berechnung der Grenztemperaturen.

1	2	3	4	5	6	7	8	9	10	11	12	13	14
Nr.	l_v	s	b	a'	M	$\frac{1}{6}M$	$a'+\frac{1}{6}M$	K'	$a=a'+\frac{1}{6}M+K'$	K''	$F=a+K''$	t_g	F
A_1	11	60											
A_2	15		+3,5	1,00	+2,5	+0,42	1,42	-0,09	1,33	<0,01	<1,34	-5°	1,33
		70											
A_3	14		+1,62	1,62	+0	+0,0	1,62	+0,03	1,65	0,00	1,65	-5°	1,65
		75											
A_4	13		+2,03	1,53	+0,5	+0,08	1,61	-0,09	1,52	0,01	1,53	-5°	1,53
		65											
A_5	11												

Die Zahlentafel zeigt, daß die Berichtigungswerte in den Spalten 7, 9 und 11 Größen von untergeordneter Bedeutung sind. Nur die Berichtigung $^1/_6 M$ (Eingrabetiefe) für Mast A_2 in Spalte 7 hat eine Größe von 0,42 m, alle anderen Werte bleiben unter 0,10 m. In Spalte 14 sind die mit Hilfe der Formeln (9) und (13) (s. Abschnitt IV C) ermittelten genauen Werte von F eingetragen, die nur bei Mast A_2 eine geringfügige Abweichung ($< 0,01$ m) zeigen. Das angegebene und unschwer durchzuführende Rechenverfahren ist also sehr genau.

In der Praxis kann man nicht damit rechnen, Lösungen zu finden, die genau übereinstimmende Grenztemperaturen ergeben, wie es bei den in den Bildern 4 und 5 wiedergegebenen Leitungsstrecken der Fall ist. Bei Verwendung von Mastlängen in Meterabstufungen kann sich der Leitungsbogen der Parabelform nur nähern. Die Grenztemperaturen der einzelnen Maste einer Bodensenke können nur eine ungefähre aber keine vollständige Übereinstimmung aufweisen. Beispiele für die Durchführung der Rechnung bei beliebigen Geländeverhältnissen sollen am Schluß der Ausarbeitung gebracht werden.

Das an Hand von Bild 3 durchgeführte Rechenbeispiel soll zeigen, daß es mit Hilfe der sehr einfachen Näherungsformel (3) immer möglich ist, die vielen in der Praxis vorkommenden groben Fehler in der Abschätzung von Mastlängen zu vermeiden und einen guten Abgleich des Leitungsbogens zu erreichen. Auf die Vermeidung der groben Fehler ist der entscheidende Wert zu legen. Es ist ohne große Bedeutung, ob es in einzelnen Fällen unter Anwendung einer bis ins einzelne gehenden Rechnung vielleicht noch möglich ist, eine etwas günstigere Lösung zu finden. Ein Trasseur, der mit dem beschriebenen Verfahren vertraut ist, lernt es vor allen Dingen, ein Gelände, das er mit seiner Leitung durchqueren soll, richtig zu sehen und die günstigste Trasse auszuwählen, wie er es ferner auch lernt, eine schwierige Trasse, die er nicht in günstigere Geländeverhältnisse verlegen kann, durch Wahl zweckmäßiger Mastlängen zu meistern. Damit ist dem Trasseur von Kurzspannleitungen ein einfaches Verfahren zur Bestimmung der zweckmäßigen Mastlängen in Bodensenken an Hand gegeben, das allgemein anwendbar ist.

Das Verfahren setzt eine Messung der Bezugshöhen der Mastfußpunkte voraus. Hiermit befassen sich die nächsten Ausführungen.

D. Bezugshöhenmessungen
(Relatives Nivellement)

Für den Entwurf einer Weitspannleitung an Hand eines Streckenprofils ist, wie eingangs erwähnt, ein durchgehendes Nivellement der gesamten Strecke erforderlich, das mit Bandmaß, Nivellierinstrument und Meßlatte ausgeführt wird und in Bild 6, S. 32 schematisch wiedergegeben ist. Wie Bild 6 zeigt, werden die Höhen in Treppenstufen gemessen.

Nach jedem Umsetzen des Nivellierinstruments N wird die Visierlinie des Geräts wieder auf die Horizontale eingestellt. Mit Hilfe der Meßlatte lassen sich alsdann die Höhenunterschiede c zwischen den einzelnen Punkten der Strecke und der jeweiligen Visierlinie messen. Durch diese Höhenunterschiede c in Verbindung mit durchlaufenden Längenmessungen ist das Profil der Strecke bestimmt. Das auf Grund der Aufnahmen gezeichnete Streckenprofil bildet die unentbehrliche Voraussetzung für den Leitungsentwurf (Absolutes Nivellement).

Bild 7 gibt die gleiche Teilstrecke wieder. Die Fußpunkte der Maste sollen bei der Trassierung festgelegt worden sein. Die eingetragenen Linien zeigen, daß das Profil der Strecke auch durch Messung von Bezugshöhen festgestellt werden kann (Relatives Nivellement).

In Verbindung mit durchlaufenden Längenmessungen mißt man in erster Linie die Bezugshöhen b der Fußpunkte der beiden Maste in der Bodensenke. Es wird also z. B. bei Mast A_2 die vertikale Entfernung b_2 seines Fußpunktes von der Visierlinie gemessen, die durch die Fußpunkte B_1 und B_3 der Maste A_1 und A_3 geht. Ferner können die Höhen e aller wichtigen Punkte der Trasse — bezogen auf die beiden benachbarten Mastfußpunkte — gemessen werden. Es kommen demnach bei der vorliegenden, aus 3 Feldern bestehenden Teilstrecke 5 Visierlinien in Frage.

Die Maße b und e werden mit Hilfe von Fluchtstäben gemessen, die zum Zwecke einer möglichst genauen Messung mit dem stumpfen Ende auf den Erdboden gestellt werden. Die Fluchtstäbe haben gewöhnlich eine 25 cm-Teilung in weißer und roter Farbe und gestatten eine auf 5 bis 10 cm genaue Ablesung.

In der Praxis wird die Visierlinie um 1 m höher gelegt. Der Trasseur kniet an einem Maststandort und hält sein Fernglas an einen Fluchtstab in genau 1 m Höhe. An dem Standort des zweiten bzw. ersten Nachbarmastes hält ein Hilfsarbeiter die Hand an einem zweiten Fluchtstab in ebenfalls genau 1 m Höhe. Ein anderer Hilfsarbeiter stellt einen dritten Fluchtstab senkrecht auf die aufzunehmenden Geländepunkte. Die Maße b und e können alsdann an den Teilungen der Fluchtstäbe mit dem Fernglas abgelesen werden, wobei die unterste Meterlänge des Fluchtstabes unberücksichtigt bleibt. Um größere Maße von b messen zu können, müssen zwei Fluchtstäbe zusammengebunden und diese bei sehr großen Werten von b um 1 oder 2 m angehoben werden. Wird nun noch für zwei Punkte der Strecke der tatsächliche Höhenunterschied, etwa durch Anmessung des Horizonts festgestellt, so ist das Profil der Strecke eindeutig bestimmt. Bei dem Aufriß des Profils geht man von diesen zwei Festpunkten aus. Bei genauen Meßdaten muß sich aus den Längenmessungen und den Bezugshöhen das gleiche Streckenprofil ergeben, das bei Anwendung des absoluten Nivellements gefunden wird.

Für den Aufriß durchgehender Streckenprofile, deren einwandfreie Ausführung für den Entwurf von Weitspannleitungen ein Erfordernis

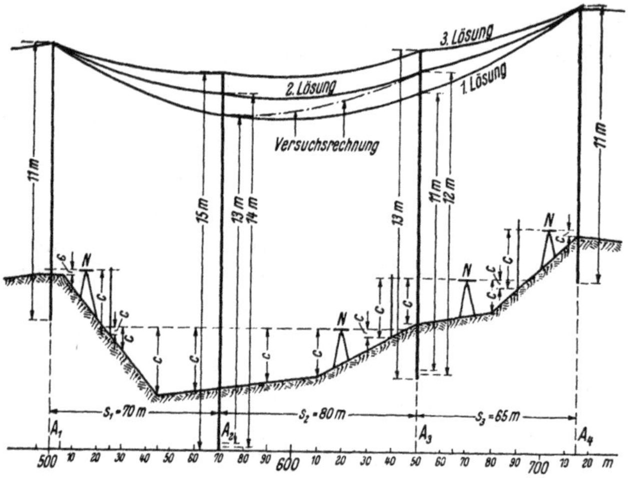

Bild 6. Schematische Darstellung der Meßverhältnisse des absoluten Nivellements. Gelände- und Leitungsverhältnisse des 1. Beispiels. Durchhangskurven für — 5° C.

ist, kommt das relative Nivellement nicht in Frage. Die Aufnahme der Bezugshöhen setzt ein über zwei Spannfelder reichendes Blickfeld voraus und bereitet Schwierigkeiten, sobald Bodenerhebungen überquert und negative Bezugshöhen gemessen werden müssen. Ein durchgehendes Streckenprofil läßt sich bei den einfachen Meßverfahren des relativen Nivellements infolge der unvermeidlichen Meß- und Zeichenfehler nicht mehr wahrheitsgetreu aufreißen. Im Gegensatz hierzu lassen sich Profile von Bodensenken, die unter Benutzung von Bezugshöhen aufgezeichnet werden, für die Planung von Kurzspannleitungen mit Vorteil verwenden — auch für den Fall, daß die gegenseitige Höhenlage zweier Punkte der Strecke, von der der Aufriß ausgehen muß, nicht oder nur ungefähr bekannt ist.

Bild 8 unterscheidet sich von Bild 7 lediglich dadurch, daß es eine Scherung aufweist. Der Fußpunkt B_1 des Mastes A_1 liegt in beiden Zeichnungen in der Entfernung k_1 senkrecht über dem Nullpunkt der X-Achse. In Bild 7 hat der Fußpunkt B_2 des Mastes A_2 die Ordinate k_2. In Bild 8 ist der Fußpunkt des Mastes A_2 willkürlich, jedoch in Anlehnung an die wirklichen Verhältnisse, bei gleichem Mastabstand s_1 in dem Punkt B_2' mit der Ordinate k_2' angenommen. Deckt man beide Zeichnungen, so liegen die beiden Punkte B_2' und B_2 in der Entfernung $k_2' — k_2$ übereinander. Man kann nun in rein konstruktiver Weise die Darstellung des Profils und der Leitung von Bild 7 in Bild 8 übertragen, derart, daß alle Längenmaße, die Bezugshöhen der Mastfußpunkte b, die Bezugshöhen e, die Mastlängen l und die Bodenabstände o der Leitungen in beiden Zeichnungen miteinander übereinstimmen und erhält auf diese Weise an Stelle des wahrheitsgetreuen Bildes 7 die gescherte Dar-

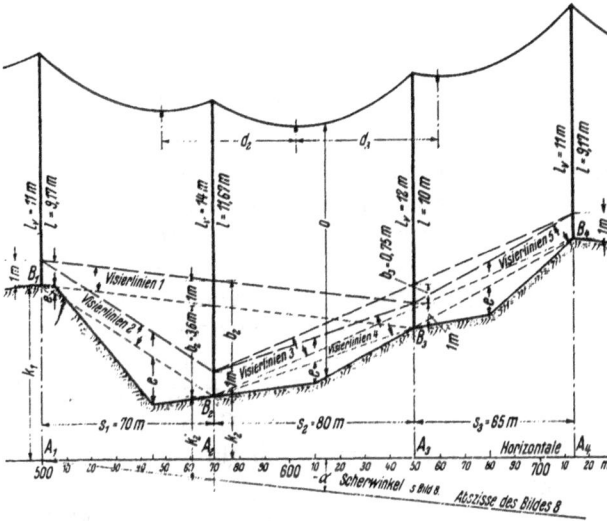

Bild 7. Schematische Darstellung der Meßverhältnisse des relativen Nivellements. Gelände- und Leitungsverhältnisse des 1. Beispiels 2. Lösung. Durchhangskurven für + 40° C.

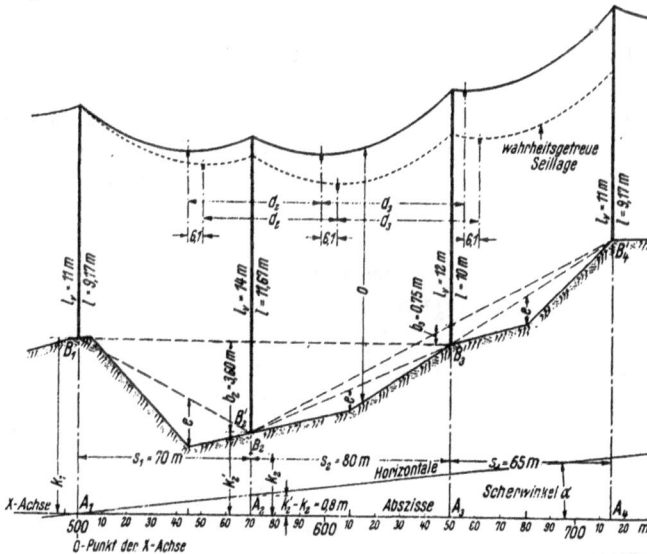

Bild 8. Darstellung der Leitungsstrecke Bild 7 mit Scherung. Durchhangskurven für + 40° C

stellung von Bild 8. Die Horizontale von Bild 7 bildet in Bild 8 mit der Abszisse einen Winkel α, dessen Tangente durch das Verhältnis $\dfrac{k_2' - k_2}{s_1}$ bestimmt ist.

Wiskott, Vertikale Seilkräfte. 3

Bezogen auf die Horizontale sind die Ordinaten von Bild 7 und 8 gleich, bezogen auf die Abszisse weist Bild 8 Ordinaten auf, die sich von den Ordinaten in Bild 7 um die zuzügliche Größe $= x \cdot \dfrac{k_2' - k_2}{s_1}$ unterscheiden.

Das Wesentliche ist nun, daß man in der gescherten Darstellung bei der rein zeichnerischen Übertragung der Durchhangskurven unter Benutzung der Bodenabstände o wiederum Stücke der ursprünglichen, allen Spannfeldern gemeinsamen Parabel erhält. Es ist lediglich eine Parallelverschiebung der Achsen der Parabeln nach links, und zwar um ein übereinstimmendes Maß (6,1 m) eingetreten. Die getragenen Seillängen d von Bild 7 und 8 stimmen also ebenfalls miteinander überein. Bild 7 und 8 müssen aus den gleichen Gründen die gleichen Spitzenparabeln und damit auch die gleichen Grenztemperaturen aufweisen. In der Ableitung 1, S. 71, ist der Beweis für die Richtigkeit dieser Feststellung erbracht.

Es liegt also nichts dagegen vor, ohne daß eine Messung zur Horizontalen ausgeführt wurde, unter Annahme einer beliebigen Grundgeraden mit Hilfe der Maße s, b und e ein Streckenprofil aufzuzeichnen und ein solches mehr oder weniger geschertes Profil als maßgebende Unterlage für den Leitungsentwurf zu benutzen.

In Bodensenken kommen fast durchgehend höhere Maste als auf ebenem Gelände zur Verwendung. Die Mindestbodenabstände werden im allgemeinen ohne weiteres eingehalten. Nur ausnahmsweise hat der Trasseur Veranlassung, für einen hervorragenden Punkt das Maß e aufzunehmen. Sind nur b-Werte, aber keine e-Werte aufgenommen, so erhält man ein Punkteprofil, das nur die Fußpunkte in ihrer gegenseitigen Höhenlage wiedergibt (Bild 3). Bezugshöhenmessungen und Anfertigung eines derartigen Profils erfordern aber sehr viel weniger Arbeit und Zeit als ein wahrheitsgetreues Streckenprofil. Die Anwendung des relativen Nivellements bringt also, wenn graphische Ermittlungen vorgenommen werden sollen, wesentliche Ersparnisse.

Aus den geschilderten Abhängigkeiten geht hervor, daß die von einem Mast getragene Seillänge — und damit die vertikale Seilkraft — durch die Bezugshöhe der Mastspitze, die beiden Mastabstände und die beiden gleichen Durchhangskurven eindeutig bestimmt ist. Es muß also möglich sein, die zwischen diesen Größen bestehende Beziehung formelmäßig zu erfassen. Damit ist die Richtung für weitere Untersuchungen gegeben.

Es handelt sich darum, Formeln zu entwickeln, die eine einfache Berechnung der Vertikalkraft bei beliebigen Betriebsverhältnissen auf Grund bekannter Bau- und Seildaten ermöglichen. In der Praxis ist es in erster Linie wichtig, die Seillast bzw. Seilanhubkraft zu kennen, die bei Frost zu erwarten ist. Die Vertikalkraft in Verbindung mit der Windkraft bestimmt den Ausschwingwinkel der Hängekette bei Windlast. Bei der Grenztemperatur ist die Vertikalkraft gleich Null. Die Kenntnis dieser Größen ist für den Freileitungsbau von allgemeiner Bedeutung.

Bevor an die Entwicklung der Formeln zwecks späterer Anwendung herangegangen werden kann, ist es notwendig, auf bekannte Beziehungen aus dem Gebiet des Freileitungsbaues einzugehen und diese für den späteren Verwendungszweck auszuwerten.

Das Mittel zur zahlenmäßigen Erfassung der Durchhangskurven geben die Durchhangstabellen.

III. Die Durchhangstabellen

Durchhangstabellen sind von verschiedener Seite veröffentlicht worden. Ihre Daten stimmen im wesentlichen überein.

Den folgenden Untersuchungen wurde eine Durchhangstabelle der Siemens-Schuckertwerke AG zugrunde gelegt, die im Auszug auf S. 70 wiedergegeben ist und für Aluminiumseil von 50 mm² Querschnitt und 8 kg/mm² Höchstzugspannung gilt. Die VDE-mäßige Zusatzlast[1]) beträgt, abhängig von dem Seildurchmesser D: $180 \cdot \sqrt{D}$ mm g/m. Die Tabelle gibt die Durchhänge und die Seilzüge für verschiedene Spannweiten und Temperaturen von — 20° C bis + 40° C bei fehlender Zusatzlast, sowie für die Temperatur von — 5° C mit Zusatzlast wieder.

Aus der Tabelle ist zu ersehen, daß der Höchstzug von $P = 50$ mm² $\cdot\ 8$ kg/mm² $= 400$ kg bei einer Temperatur von — 5° C und Zusatzlast den Ausgangswert für die Berechnung aller Durchhänge und Seilzüge bei allen Spannweiten von 60 m an aufwärts bildet.

Der Durchhang wird nach folgender Formel[2]) berechnet:

$$f = \frac{s^2 \cdot G}{8 \cdot P} \quad \ldots \ldots \ldots \ldots \ldots (6)$$

Hierin ist

f der Durchhang in m,
s die Spannweite in m,
G das Gewicht eines Meters Leitungsseil in kg/m,
P der Horizontalzug der Leitung, also der Seilzug an dem tiefsten Punkt der Leitung in kg.

Die Formel enthält eine kleine Ungenauigkeit, da sie mit einem gleichmäßigen Seilgewicht von G kg für jedes Meter Spannweite, anstatt für jedes Meter Bogenlänge rechnet. Bei den bei Freileitungsbauten im allgemeinen allein in Frage kommenden flachen Leitungsbögen ist diese Ungenauigkeit von untergeordneter Bedeutung. Dadurch daß man den hierdurch entstehenden Fehler in Kauf nimmt, erhält man für die Beziehungen zwischen der Spannweite s und dem Durchhang f nicht die Gleichung einer Kettenlinie, sondern die sehr einfache Gleichung (6) einer Parabel mit senkrechter Achse. Für ein bestimmtes Seilgewicht G und einen bestimmten Horizontalzug P ergibt sich für alle Spannweiten ein und dieselbe Durchhangsparabel.

---

[1]) s. VDE 0210/X. 38 § 8.
[2]) s. Kapper, Abschnitt 3, S. 21.

1 m 50 mm²-Aluminiumseil hat ein Gewicht von $G_s = 0,137$ kg/m. Das Gewicht der Zusatzlast bei 9 mm Seildurchmesser beträgt $G_z = 180$ · $\sqrt{9}$ g/m $= 0,540$ kg/m. Bei einem Seilzug von $P = 400$ kg (Höchstzug) und einem Seilgewicht G von $G_s + G_z = 0,677$ kg/m einschl. Zusatzlast ergeben sich bei Anwendung der Formel (6) für Spannweiten s von 60 bis 240 m die in der Tabelle S. 70 angegebenen Durchhänge f für eine Temperatur von $-5°$ C und Zusatzlast. Die Durchhänge wachsen quadratisch mit der Spannweite. Die Durchhangsparabeln sind für alle Spannweiten gleich, d. h. sie haben ein und denselben Parameter und vertikale Achsrichtung.

Für die gleiche Durchhangsparabel läßt sich nach Formel (6) der Seilzug P für das Seilgewicht $G_s = 0,137$ kg/m ohne Zusatzlast zu 80,5 kg errechnen. Die Tabelle zeigt, daß bei diesem Seilzug und einer durch Interpolation zu ermittelnden Temperatur von etwa $+ 34°$ C bei allen Spannweiten von 60 bis 240 m wiederum die gleichen Durchhänge auftreten.

Bei Spannweiten von 50 m und darunter bildet der Höchstzug von 400 kg bei einer Temperatur von $- 20°$ C und fehlender Zusatzlast den Ausgangswert für die Berechnung aller Durchhänge und Seilzüge.

Zwischen den Spannweiten von 50 m und 60 m liegt die bei ungefähr 56 m liegende kritische Spannweite. Bei dieser Spannweite tritt der Höchstzug von 400 kg sowohl bei $- 20°$ C wie bei $- 5°$ C und Zusatzlast auf. Mit der Zunahme der Spannweite nimmt der Seilzug bei $- 20°$ C von 400 kg bei 56 m Spannweite bis auf 88,5 kg bei 240 m Spannweite ab. Die Durchhangsparabeln stimmen nicht mehr überein.

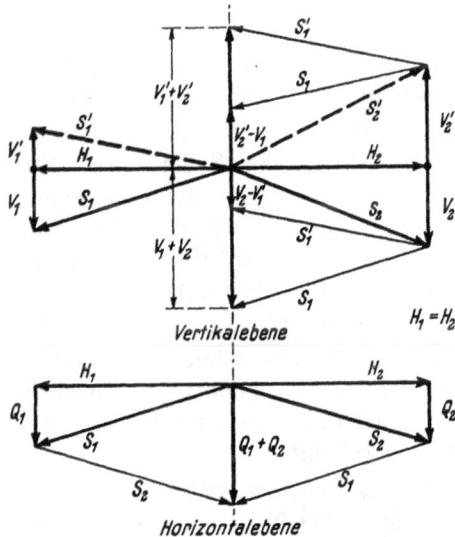

Bild 9. Auflösung der Seilzüge am Mast in vertikale und horizontale Seilkräfte.

IV. Die Seilkräfte und ihre auf die Stützpunkte wirkenden Komponenten

A. Horizontale und vertikale Seilkräfte

Bei Stützenisolatorenleitungen liegt das Seil in einer Halsrille des Isolators und wird durch einen Wickel- oder Bügelbund fest in diese hineingepreßt. Isolator, Stütze und Traverse bilden eine unbewegliche, mit dem Mast fest zusammenhängende Konstruktion. In beliebiger Richtung auftretende Seilkräfte werden unmittelbar auf den Mast übertragen.

Bei Hängeisolatorenleitungen bildet die Hängeisolatorenkette ein bewegliches Zwischenglied zwischen Seil und Mast, das nur Zugkräfte übertragen kann.

Die auf die Tragmasten in der Richtung der abgehenden Seile wirkenden Seilzüge S_1 und S_2 bei abfallenden Seilen, bzw. S_1' und S_2' bei ansteigenden Seilen lassen sich in je drei Komponenten zerlegen (Bild 9 S. 37). Diese sind:

1. Die in der Leitungsrichtung wirkenden Horizontalkomponenten H_1 und H_2. Diese Komponenten haben immer eine einander entgegengesetzte Richtung. Auf die Isolatoren bzw. den Mast wirkt die Differenz der Kräfte $H_1 - H_2$.

2. Die quer zur Leitungsrichtung wirkenden Horizontalkräfte Q_1 und Q_2. Diese Komponenten treten nur bei Windbelastung auf und sind gleichgerichtet. Auf den Mast wirkt die Summe der Kräfte $Q_1 + Q_2$.

3. Die in Richtung der Achse des Mastes wirkenden Vertikalkomponenten V_1 und V_2. Bei abfallenden Seilen ist die Summe dieser Kräfte gleich der Seillast $V_1 + V_2$, bei ansteigenden Seilen gleich dem Seilanhub $V_1' + V_2'$. Steigt das Seil auf der einen Seite an, während es auf der anderen Seite abfällt, so wird der Isolator bzw. der Mast in vertikaler Richtung durch die Differenz der Kräfte beansprucht. Es kann Seillast $V_2 - V_1'$ oder Seilanhub $V_2' - V_1$ vorhanden sein.

Die in Leitungsrichtung wirkenden horizontalen Seilkräfte H sind vielfach untersucht worden. In dem nächsten Abschnitt soll hiervon nur so viel gebracht werden, als es zum Verständnis der weiteren Ausführungen notwendig erscheint.

Die quer zur Leitungsrichtung wirkenden, horizontalen Windkräfte Q sollen in dem Umfang behandelt werden, in dem sie die am Mast angreifenden Vertikalkräfte und die Isolationsverhältnisse der Tragmaste

beeinflussen. Die durch die Windkräfte hervorgerufenen Biegungs-
beanspruchungen der Maste sollen nicht erörtert werden.

Die auf die Stützpunkte wirkenden vertikalen Seilkräfte sollen
dagegen eingehend behandelt werden.

B. Die in Leitungsrichtung wirkenden horizontalen Seilkräfte

Im Anschluß an die Ausführungen des Abschnitts III soll angenommen werden, daß ein aus Feldern sehr verschieden großer Spannweite
(56 bis 240 m) bestehender Abspannabschnitt bei einer Temperatur
von + 34° C gemäß den Angaben der Durchhangstabelle S. 70 gespannt
worden sei.

In allen Feldern des Abspannabschnitts beträgt der Seilzug alsdann etwa 80,5 kg. Bei allen Feldern tritt ferner der Höchstzug von
400 kg gleichmäßig bei einer Temperatur von — 5° C und Zusatzlast
auf. In diesen beiden Fällen werden also die Isolatoren der Tragmaste
infolge der Übereinstimmung der beiderseitigen Zugkräfte nicht durch
Horizontalkräfte beansprucht. In diesen beiden Fällen ist infolgedessen
auch eine vollständige Übereinstimmung der Durchhangsparabeln vorhanden. In allen anderen Fällen, also bei allen von + 34° C abweichen-
den Temperaturen und fehlender Zusatzlast, müssen infolge der Unterschiede der Seilzüge horizontale Kräfte an den Isolatoren wirksam werden, die bei einer Temperatur von — 20° C das höchste Maß annehmen.
Bei zwei benachbarten Spannfeldern von 56 und 240 m Länge beträgt
z. B. der Seilzug in dem 56 m-Feld bei — 20° C 400 kg, in dem 240 m-
Feld aber nur 88,5 kg. Dieses ergibt einen Differenzzug von 311,5 kg.
Da Horizontalbeanspruchungen nennenswerter Größe nicht zugelassen
werden dürfen, ist man gezwungen, die Leitungen mit annähernd gleicher Spannweite auszuführen.

Bei jedem Bau sind aber — bedingt durch die Geländeverhältnisse
— gewisse Abweichungen in den Spannfeldlängen unvermeidlich. Es
müßten daher an den Masten bei den verschiedenen Temperaturen auch
immer noch Unterschiede in den Horizontalzügen der Seile auftreten,
wenn nicht ein Ausgleich der Seilzüge dadurch eintreten würde, daß
die Hängeketten etwas nachgeben bzw. die Maste der Stützenisolatoren
eine kleine Durchbiegung erfahren. Man rechnet praktisch damit, daß sich innerhalb eines Abspannabschnitts die Hori-
zontalzüge der Seile völlig ausgleichen und in allen Spannfeldern die gleiche Horizontalkraft wirksam ist, so daß alle
Seile nach der gleichen Durchhangsparabel durchhängen.
Die Daten der allen Spannfeldern eines Abspannabschnitts gemeinsamen Durchhangsparabel sind durch die effektive mittlere Spannweite
s_M und die für diese Spannweite bei verschiedenen Temperaturen in

Frage kommenden, aus den Durchhangstabellen zu entnehmenden Durchhänge f_M bestimmt.

Die effektive mittlere Spannweite s_M läßt sich für einen Abspannabschnitt nach folgender Formel[1]) berechnen:

$$s_M = \sqrt{\frac{s_1{}^3 + s_2{}^3 + s_3{}^3 + \cdots}{s_1 + s_2 + s_3 + \cdots}} = \sqrt{\frac{\text{Summe } s^3}{\text{Summe } s}} \quad \cdots \quad (7)$$

Ein Rechenbeispiel für Spannweiten von 60 bis 80 m zeigt, daß sich keine großen Unterschiede bezüglich der Durchhangskurven ergeben, wenn man statt der effektiven mittleren Spannweite den arithmetischen Mittelwert der Spannweiten annimmt. Bei Stützenisolatorenleitungen ist es zulässig, die für den Leitungsbau vorgesehene normale Spannfeldlänge s_n als maßgebende mittlere Spannweite anzusehen. Für diese Spannweite werden die für die verschiedenen Temperaturen in Frage kommenden Durchhänge f_n aus den Durchhangstabellen entnommen. Die Anwendung der Formel (7) kommt nur ausnahmsweise bei Hängeisolatorenleitungen in Frage.

C. Die vertikalen Seilkräfte

Die in diesem Abschnitt abzuleitenden Formeln sollen in erster Linie eine Berechnung der Vertikalkräfte, der Grenztemperaturen und der Ausschwingwinkel der Hängeisolatorenketten bei Wind aus den Nivellements-, Bau- und Seildaten ermöglichen. Für die zu entwickelnden Beziehungen kommen unter Beifügung der Bezeichnung und der verwendeten Maßeinheiten folgende Größen in Frage:

1. die Spannfeldlängen s in m,
2. die freien Mastlängen l in m,
3. die Bezugshöhen b der Mastfußpunkte in m,
4. die absoluten Höhen k der Trassenpunkte bzw. der Mastfußpunkte in m,
5. die Bezugshöhen a der Mastspitzen in m,
6. die absoluten Höhen i der Mastspitzen in m,
7. der Durchhang des Leitungsseils f_n bei normaler Spannweite s_n in m,
8. die Durchhänge des Leitungsseils f bei beliebiger Spannweite s in m,
9. die Temperaturen t in Graden Celsius,
10. die Durchhänge F der Grenzparabel in m,
11. die Durchhänge F' der Grenzparabel am Mast in m,
12. die Grenztemperatur t_g in Graden Celsius,

---

[1]) Die Formel ist bekannt. Sie läßt sich aus den in Abschnitt 3, S. 29 des Kapperschen Buches angegebenen Formeln ableiten.

13. die von einem Mast in einem Spannfeld getragene Seillänge d' bzw. d'' in m,
14. die von einem Mast in den beiden zugehörigen Spannfeldern getragene Seillänge d in m,
15. das Seilgewicht G_s in kg/m,
16. die Zusatzlast G_z in kg/m,
17. das Seilgewicht $+$ Zusatzlast G in kg/m,
18. die am Leitungsmast angreifende Vertikalkraft V in kg,
19. die auf die Leitungsseile wirkenden Windkräfte und die bei Windlast auftretenden Durchhänge, getragenen Seillängen, Vertikalkräfte, Ausschwingwinkel usw., für die die Bezeichnungen und die verwendeten Maßeinheiten besonders angegeben werden,
20. die getragenen Seillängen, Vertikalkräfte usw. einer Mastenreihe bei durchgehender Spitzenparabel.

Die zwischen den angegebenen Größen bestehenden Beziehungen sollen an Hand der Bilder 1, 2 und 10 abgeleitet werden. Es wird hierbei angenommen, daß sich die in Leitungsrichtung wirkenden Horizontalkräfte völlig ausgleichen, so daß die Durchhangsparabeln eines Abspannschnitts eine völlige Übereinstimmung aufweisen (s. Abschnitt IV B).

Ein Teil der Formeln bezieht sich auf einen Mast und die beiden zugehörigen Spannfelder. Da die zu den Einzelfeldern gehörigen Größen durch einen Index kenntlich gemacht werden müssen, werden die Formeln schematisch für einen Mast A_2 mit den Spannfeldlängen s_1 und s_2 entwickelt.

a) Die Bezugshöhen b der Mastfußpunkte. Bei Kurzspannleitungen werden die Bezugshöhen b der Mastfußpunkte, wie in Abschnitt II D beschrieben, unmittelbar gemessen.

Bei Weitspannleitungen wird ein durchgehendes Nivellement ausgeführt. Das Streckenprofil enthält genaue Höhenangaben. Aus diesen ergeben sich durch Interpolation die Höhen der erst bei dem Entwurf festgelegten Mastfußpunkte. Werden die Bezugshöhen der Mastspitzen nicht unmittelbar aus der Zeichnung abgegriffen, so lassen sie sich auf folgende Weise berechnen:

Es ist in Bild 10:

$$b_2 = E J + J B_2 = \frac{s_1}{s_1 + s_2} \cdot (k_3 - k_1) + (k_1 - k_2)$$

$$b_2 = \frac{k_1 \cdot s_2 + k_3 \cdot s_1}{s_1 + s_2} - k_2 \quad \ldots \ldots \ldots \ldots \ldots \quad (8)$$

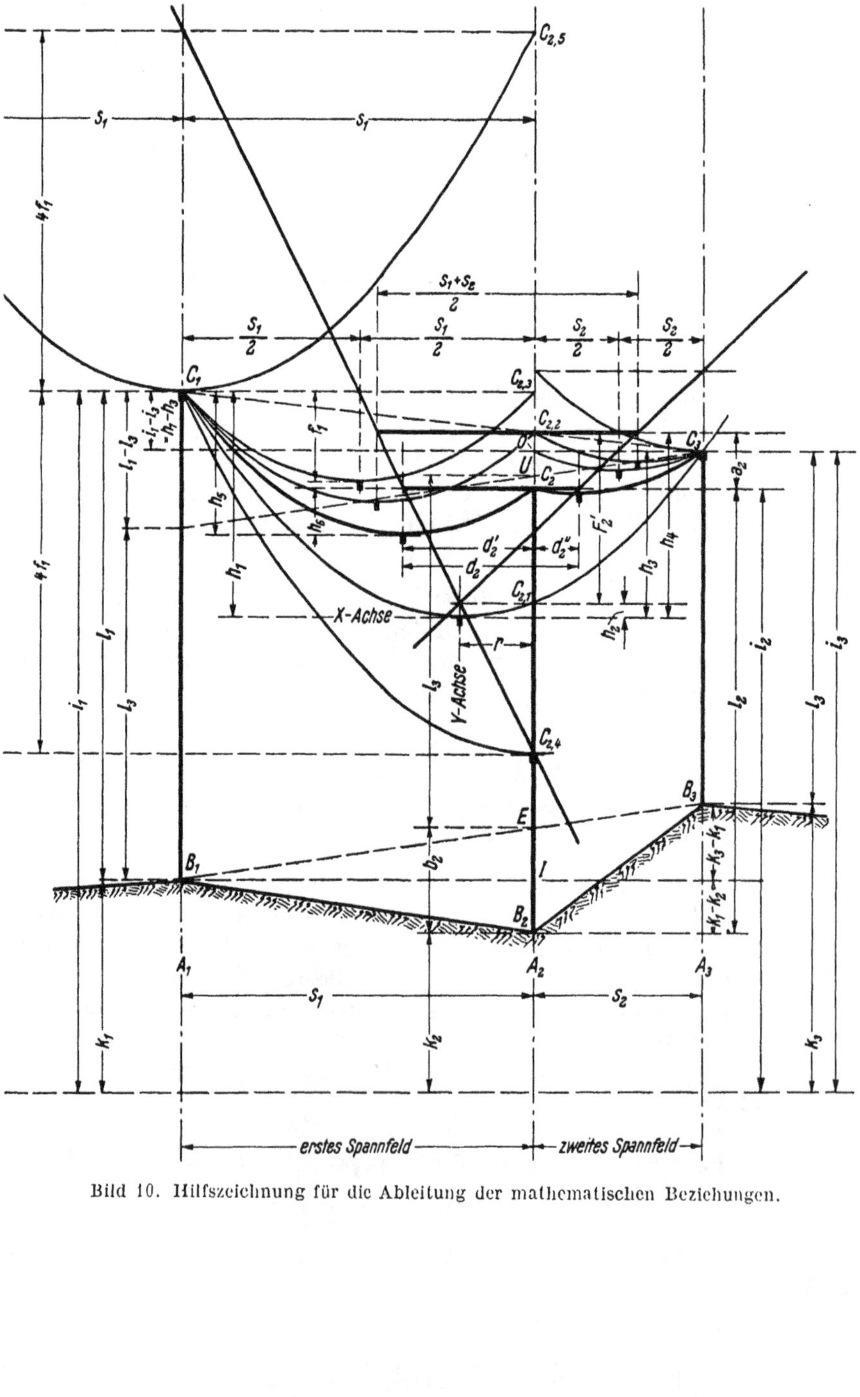

Bild 10. Hilfszeichnung für die Ableitung der mathematischen Beziehungen.

b) Die Bezugshöhen a der Mastspitzen.

Es ist in Bild 10:

$$a_2 = C_{2,2}\,U + U\,C_2$$

$$= \frac{s_2}{s_1 + s_2} \cdot (l_1 - l_3) + l_3 + b_2 - l_2$$

$$a_2 = \frac{l_1 \cdot s_2 + l_3 \cdot s_1}{s_1 + s_2} + b_2 - l_2 = \frac{(k_1 + l_1) \cdot s_2 + (k_3 + l_3) \cdot s_1}{s_1 + s_2} - k_2 - l_2 \quad (9)$$

c) Die Durchhänge f_n bei der normalen Spannweite s_n. Nach Abschnitt IV B, S. 39 sind die Durchhänge in den einzelnen Spannfeldern durch die effektive mittlere Spannweite s_M eines Abspannabschnitts und die für diese Spannweite in Frage kommenden Durchhänge f_M bestimmt. Bei den folgenden Ausführungen werden die effektiven mittleren Spannweiten s_M der für den Bau vorgesehenen normalen Spannweite s_n gleichgesetzt. Wird eine genaue Rechnung gefordert, so muß diese für s_M an Stelle von s_n durchgeführt werden.

Die bei der normalen Spannweite s_n bei den Temperaturen zwischen — 20° C und + 40° C, sowie bei — 5° C und Zusatzlast auftretenden Durchhänge f_n werden der in Frage kommenden Durchhangstabelle entnommen.

Den Werten s_n und f_n wird die allgemeine Parabelgleichung mit p — Parabelparameter zugrunde gelegt.

$$f_n = \frac{\left(\dfrac{s_n}{2}\right)^2}{2\,p} = \frac{s_n{}^2}{8\,p} \quad\ldots\ldots\ldots\ldots (10)$$

d) Die Durchhänge f bei einer beliebigen Spannweite s. Da die Durchhänge f mit der Spannweite s quadratisch zunehmen, ergibt sich für ein beliebiges Feld innerhalb des Abspannabschnitts folgende Gleichung:

$$f = f_n \cdot \frac{s^2}{s_n{}^2} = \frac{s^2}{8\,p} \quad\ldots\ldots\ldots\ldots (11)$$

e) Die Durchhänge F der Grenzparabel. Nach Abschnitt II A ist der Durchhang der Grenzparabel durch den Durchhang der Einzelfelder bestimmt. Die Formel (11) gilt also auch für die Durchhänge der Grenzparabeln.

$$F_2 = f_n \cdot \frac{(s_1 + s_2)^2}{s_n{}^2} = \frac{(s_1 + s_2)^2}{8\,p} \quad\ldots\ldots\ldots (12)$$

f) Die Durchhänge F' der Grenzparabeln am Mast. Für die Durchhänge F' der Grenzparabel am Mast ergibt sich nach der Ableitung 2, S. 72 folgende einfache Beziehung:

$$F' = \frac{s_1 \cdot s_2}{2\,p}.$$

Nach Formel (10) ist:

$$\frac{1}{2p} = \frac{4f_n}{s_n{}^2}.$$

Man erhält demnach:

$$F_2' = \frac{s_1 \cdot s_2}{2p} = 4f_n \cdot \frac{s_1 \cdot s_2}{s_n{}^2} \quad \ldots \ldots \ldots \quad (13)$$

g) Der Parameter p der Durchhangsparabel.

Aus den Formeln (10), (11), (12) und (13) erhält man:

$$p = \frac{s_n{}^2}{8 \cdot f_n} = \frac{s^2}{8f} = \frac{(s_1 + s_2)^2}{8 F_2} = \frac{s_1 \cdot s_2}{2 F_2'} \quad \ldots \ldots \quad (14)$$

Für zwei Temperaturen t_1 und t_2 ergeben sich aus Formel (14) folgende Proportionen:

$$\frac{p_{t_1}}{p_{t_2}} = \frac{f_{n\,t_2}}{f_{n\,t_1}} = \frac{f_{t_2}}{f_{t_1}} = \frac{F_{t_2}}{F_{t_1}} = \frac{F_{t_2}'}{F_{t_1}'} \quad \ldots \ldots \ldots \quad (15)$$

h) Die Grenztemperatur t_g. Bei der Grenztemperatur ist der Durchhang F_2' der Grenzparabel am Mast gleich der Bezugshöhe a_2 der Mastspitze. Aus Formel (13) ergibt sich der Durchhang f_{ng} des normalen Spannfeldes bei der Grenztemperatur t_g zu:

$$f_{ng} = \frac{a}{4} \cdot \frac{s_n{}^2}{s_1 \cdot s_2} \quad \ldots \ldots \ldots \ldots \quad (16)$$

Die zu dem Durchhang f_{ng} und der normalen Spannweite s_n gehörige Grenztemperatur t_g ergibt sich aus der Durchhangstabelle.

i) Die von einem Mast getragene Seillänge d' eines Spannfeldes. Die in Bild 10 eingetragenen Durchhangsparabeln stimmen miteinander überein. Sie sind Stücke ein- und derselben Parabel.

In Bild 10 sei zunächst die Höhe der Spitze des Mittelmastes A_2 in dem Punkt $C_{2,3}$ in gleicher Höhe mit der Spitze C_1 des Mastes A_1 angenommen. Jeder Mast trägt alsdann die Hälfte der Seillänge s_1 des zwischen ihnen liegenden ersten Spannfeldes. Der Durchhang sei gleich f_1.

Wird die Spitze des Mastes A_2 nun so weit höher angenommen, daß der Scheitelpunkt der Durchhangskurve mit der Spitze C_1 des Mastes A_1 zusammenfällt, so trägt der Mast A_2 die gesamte Seillänge s_1 des ersten Spannfeldes. Die Höhendifferenz zwischen der sich ergebenden, in dem Punkt $C_{2,5}$ liegenden Spitze des Mastes A_2 und dem Punkt $C_{2,3}$ beträgt, da die Durchhänge mit dem Quadrat der Spannweite wachsen, $4 f_1$.

Wird die Spitze des Mastes A_2 um den Wert $4 f_1$ unter dem Punkt $C_{2,3}$ angenommen, so daß der Scheitelpunkt der Durchhangskurve in dem Punkt $C_{2,4}$ liegt, so trägt nunmehr der Mast A_1 die gesamte Länge des ersten Spannfeldes.

Senkt man die Spitze des Mastes A_2 fortschreitend von $C_{2,5}$ über $C_{2,3}$ bis zum Punkt $C_{2,4}$, so nimmt die von dem Mast A_2 in dem ersten Spannfeld getragene Seillänge d_2' von dem Wert $d_2' = s_1$ bis auf den Nullwert $d_2' = 0$ ab. Die getragene Seillänge ändert sich in einem rein linearen Verhältnis mit der abnehmenden Höhe der Mastspitze, wie es die in Bild 10 auf der linken Seite eingezeichnete schräge Gerade in anschaulicher Weise zeigt. Wird die Spitze des Mastes unter dem Punkt $C_{2,4}$ angenommen, so wird die getragene Seillänge negativ, da der Scheitelpunkt der Durchhangskurve vom linken in das rechts benachbarte Feld rückt.

Für die von dem Mast A_2 im ersten Spannfeld getragene Seillänge d_2' ergibt sich nach Ableitung 3, S. 72 folgende Formel:

$$d_2' = \left(1 - \frac{i_1 - i_2}{4f_1}\right) \cdot \frac{s_1}{2} = \left(1 - \frac{i_1 - i_2}{4f_n} \cdot \frac{s_n^2}{s_1^2}\right) \cdot \frac{s_1}{2} \quad \ldots (17)$$

Hierin ist i_1 die absolute Höhe der Spitze des Nachbarmastes A_1 und i_2 die absolute Höhe der Spitze des Mastes A_2, für den die getragene Seillänge ermittelt werden soll.

k) Die von **einem** Mast getragene Seillänge d von **zwei** Spannfeldern. In Bild 10 ist eine zweite vorwiegend auf der rechten Seite der Zeichnung liegende schräge Gerade eingetragen, die die Änderung der von Mast A_2 in dem zweiten Spannfeld getragenen Seillänge d_2'' abhängig von der Höhenlage der Mastspitze wiedergibt. Die Summe $d_2' + d_2''$ stellt die von dem Mast A_2 in beiden Spannfeldern getragene Seillänge d_2 dar.

Nach Ableitung 4, S. 73 ergibt sich für die von dem Mast A_2 in seinen beiden Spannfeldern getragene Seillänge folgende Gleichung:

$$d_2 = \left(1 - \frac{a_2}{F_2'}\right) \cdot \frac{s_1 + s_2}{2} = \left(1 - \frac{a_2}{4f_n} \cdot \frac{s_n^2}{s_1 \cdot s_2}\right) \cdot \frac{s_1 + s_2}{2} \quad . \ . \ (18)$$

Die Gleichungen (17) und (18) haben den gleichen Aufbau, da die Bezugshöhe a in der Formel (18) dem absoluten Höhenunterschied $i_1 - i_2$ in der Formel (17) entspricht.

Der Wert $\frac{a_2}{F_2'}$ soll die Bezeichnung u erhalten, der der Mastindex beigefügt wird. Die Beziehung für d_2 kann man daher auch in folgender Form schreiben:

$$d_2 = (1 - u_2) \cdot \frac{s_1 + s_2}{2} \quad \ldots \ldots \ldots (19)$$

Gleichung (18) bzw. (19) und Bild 10 zeigen übereinstimmend folgendes: Wird a_2 und damit auch $u_2 = 0$, so trägt der Mast A_2 die halbe Seillänge seiner Spannfelder. Liegt die Mastspitze auf der Grenzparabel, so wird $a_2 = F_2'$, $u = 1$ und die getragene Seillänge $d = 0$. Die getragene Seillänge ändert sich linear mit der Höhenlage der Mastspitze.

Der Klammerwert $\left(1 - \dfrac{a_2}{F_2'}\right)$ bzw. $(1 - u_2)$ stellt den Grad der Belastung des Mittelmastes abhängig von der Bezugshöhe seiner Mastspitze und dem Durchhang der Grenzparabel am Mast dar. Der Wert $u_2 = \dfrac{a_2}{F_2'}$ ist der Entlastungsgrad, den ein tiefer stehender Mast aufweist. Höhere Temperaturen mit größeren Durchhängen verringern die Entlastung des tiefer stehenden Mastes. Tiefe Temperaturen mit kleinen Durchhängen vergrößern die Entlastung und können Anhubkräfte zur Folge haben.

Am Schluß des Abschnitts II D ist darauf hingewiesen, daß zwischen den Bezugshöhen der Mastspitzen, den Mastabständen, den Durchhangskurven und den getragenen Seillängen bestimmte rechnerisch erfaßbare Beziehungen vorhanden sein müssen. Diese Beziehungen finden in der Formel (18) ihren mathematischen Ausdruck. Die Bezugshöhe einer Mastspitze ist durch die Bauausführung der beiden zugehörigen Spannfelder bestimmt. Das Ergebnis der Rechnung ist die von dem Mast in den beiden Spannfeldern getragene Seillänge.

l) Die am Mast angreifende vertikale Seilkraft V. Jedes Leitungsseil übt auf den Mast A_2 eine Vertikalkraft V_2 aus, die durch die getragene Seillänge d_2 und das Gewicht G des Leitungsseils für das laufende Meter in kg/m bestimmt ist.

$$V_2 = G \cdot d_2 \qquad \ldots \ldots \ldots \ldots (20)$$

Negative Werte von d_2 haben Hubkräfte zur Folge.

m) Der Einfluß der Windkraft auf die vertikale Seilkraft.

Für die Windbelastung von Leitungen kommen folgende Auszüge aus den VDE-Vorschriften (VDE 0210/X. 38 Abschnitt III) in Frage:

A. Leitungen.

§ 8. Durchhang.

b) Bei der Berechnung des Durchhanges kommt zum Gewicht der Leitung eine Belastung durch Eisbehang, Rauhreif, Schnee oder Wind.

§ 9. Anordnung der Leitungen am Gestänge.

d) Bei Hängeketten muß der Mindestabstand der Leitungen in Metern von geerdeten Bauteilen betragen: bei einer Ablenkung der Kette durch Wind $\frac{U_n{}^{1)}}{150}$.

Hierbei ist ein Winddruck von 125 kg/m² auf Kette und Leitung anzunehmen.

C. Gestänge.

§ 15. Äußere Kräfte.

a) 2. α) Der Winddruck auf die Leitungen .... ist mit 125 kg/m² senkrecht getroffener Fläche ohne Eisbehang anzusetzen.

Bei Bauteilen mit Kreisquerschnitt ist die Fläche mit 50% der senkrechten Projektion der wirklich getroffenen Fläche anzusetzen.

Werden ebene Flächen unter einem Winkel vom Wind getroffen, so ergibt sich die Windlast aus dem Produkt des Winddrucks und dem sin² des Einfallwinkels. Bei Leitungen ist mit dem sin zu rechnen.

§ 17. Belastungsannahmen.

d) Winddruck senkrecht zur Leitungsrichtung ... auf die halbe Länge der Leitungen der beiden Spannfelder.

Die VDE-Vorschriften enthalten in den §§ 15 und 17 eindeutige Angaben, welche Windbelastung der Seile bei der Mastberechnung einzusetzen ist. Es ergeben sich aber Schwierigkeiten, sobald die VDE-Vorschriften auf die Ablenkung der Hängeketten durch Wind angewandt werden sollen.

Windstärken, die einen Winddruck von 125 kg/m² hervorrufen, kommen erfahrungsgemäß in Deutschland äußerst selten und dann nur als Böen bei Temperaturen von 0° C bis + 10° C vor. Sie wirken bei längeren Abspannabschnitten nur auf einen kurzen Teil der Leitung und bringen diesen zu einer starken Ausschwingung. Infolge der höheren Belastung dieses Teils stellen sich die Hängeketten der übrigen Felder des Abspannabschnitts schräg in die Richtung zu dem betroffenen Teil hin ein, so daß diesem nunmehr eine größere Seillänge zur Verfügung steht, die einen größeren Durchhang ermöglicht und damit einen Ausgleich des Horizontalzuges herbeiführt. Der Ausschwingwinkel des von der Bö betroffenen Teils der Leitung ist unabhängig von der Schrägstellung der Hängeketten der Nachbarmaste in Leitungsrichtung ausschließ-

---

1) U_n = Nennspannung der Freileitung in kV.

lich durch das Verhältnis: Windbelastung zu Eigengewicht bestimmt
(s. u.). Die Ablenkung der Kette bei VDE-mäßiger Windlast läßt sich
also für ebene Strecken ohne Schwierigkeiten berechnen und hiernach
der erforderliche Mindestabstand der Leitungen von den Masten angeben. Bei Masten in Bodensenken wird dagegen, wie gezeigt werden
soll, die Ablenkung der Hängeketten in starkem Maße von dem Nachgeben der Hängeketten der Nachbarmaste und dem hierdurch bedingten
großen Durchhang beeinflußt. Die Angriffsbreite der Bö ist von ent-
scheidender Bedeutung. Die VDE-Vorschriften geben keinen Anhalt,
mit welcher Breite gerechnet werden soll.

Es liegt außerhalb des Rahmens dieser Schrift, entsprechende
meteorologische Untersuchungen anzustellen und die Windverhältnisse
zu ergründen, die einer Leitungsberechnung zweckmäßigerweise zugrunde
zu legen sind. Es soll lediglich nachgewiesen werden, daß es nicht an-
gängig ist, die VDE-mäßige Windlast mit einem Winddruck von 125 kg/m²
für die gesamte Strecke eines Abspannabschnitts als gleichmäßig vorhanden anzunehmen. Zu diesem Zweck sollen in dem vorliegenden Abschnitt die Formeln entwickelt werden, die eine Berechnung der bei
Masten in Bodensenken bei gleichmäßiger Windlast auftretenden Vertikalkräfte und Ausschwingwinkel ermöglichen. An Hand des in Abschnitt V durchgerechneten, der Praxis angeglichenen Beispiels soll gezeigt werden, daß sich bei Annahme einer gleichmäßigen VDE-mäßigen
Windlast unzulässig große Ausschwingwinkel ergeben, wie sie in der
Praxis nicht beobachtet werden. Es wäre bei Annahme einer gleichmäßigen Windlast nicht statthaft, Hängeisolatorenleitungen in hügeligem
Gelände in der heute üblichen Bauweise auszuführen. In Abschnitt V
sollen fernerhin an Hand des Beispiels die Gesichtspunkte erläutert
werden, die bei einer Anwendung der Formeln zusätzlich beachtet
werden müßten.

Der Einfallwinkel des Windes unterschreitet bei einem Winddruck
senkrecht zur Leitungsrichtung bei den flachen Leitungsbögen auch bei
größeren Spannweiten und einem starken Ausschwingen der Seile den
Wert von 90° nur in einem so geringen Maße, daß der Sinus des Einfallwinkels durchgehend gleich 1 gesetzt und eine gleichmäßige Windlast angenommen werden kann. Unter dieser Voraussetzung ergibt sich
für die Windlast G_w (in kg/m) für jedes Meter Spannweite bei einem
Seildurchmesser D (in mm) nach den VDE-Vorschriften folgende
Gleichung:

$$G_w = \frac{0{,}5 \cdot 125 \cdot D}{1000} \quad \ldots \ldots \ldots \ldots (21)$$

Die Windlast G_w und das Eigengewicht G_s des Leitungsseils ergeben
durch geometrische Addition eine für jedes Meter Leitungsseil gleiche
Resultierende R_w, die mit der Senkrechten den Winkel β bildet (Bild 1):

$$\operatorname{tg} \beta = \frac{G_w}{G_s} \quad \cdots \cdots \cdots \cdots \quad (22)$$

$$R_w = \sqrt{G_w{}^2 + G_s{}^2} \quad \cdots \cdots \cdots \quad (23)$$

Die auf jedes Meter Leitungsseil wirkenden Resultierenden haben gleiche Richtung. Das Seil liegt daher bei Windbelastung in einer durch die Richtung der Resultierenden bestimmten Ebene und bildet bei der gleichmäßigen Lastverteilung in der Ebene des Ausschwingwinkels β eine Durchhangsparabel, deren Durchhang f_{nw} bei der normalen Spannweite s_n durch die resultierende Seillast R_w, und die Temperatur bestimmt ist.

Die bei Windbelastung getragenen Seillängen lassen sich nicht unmittelbar aus den in der Ebene des Ausschwingwinkels liegenden Durchhangsparabeln entnehmen. Die wirkliche Höhenlage der einzelnen Seilpunkte ergibt sich erst aus den Projektionen dieser Durchhangsparabeln auf eine in Leitungsrichtung liegende vertikale Ebene. Zur Bestimmung der getragenen Seillängen ist es also notwendig, mit den Projektionen der Durchhangsparabeln zu rechnen und diesen einen Durchhang $f_{nw} \cdot \cos \beta$ bei der normalen Spannweite s_n zugrunde zu legen. Die bei Windlast von dem Mast A_2 getragene Seillänge ergibt sich demnach aus der Formel (18) wie folgt:

$$d_{2w} = \left(1 - \frac{a_2}{4 \cdot f_{nw} \cdot \cos \beta} \cdot \frac{s_n{}^2}{s_1 \cdot s_2} \right) \cdot \frac{s_1 + s_2}{2} \quad \cdots \cdots \quad (24)$$

Hieraus ergibt sich die Vertikalkraft V_{2w} nach Formel (20):

$$V_{2w} = d_{2w} \cdot G_s \quad \cdots \cdots \cdots \cdots \quad (25)$$

Hierin ist G_s das Gewicht eines Leitungsseils von 1 m Länge ohne Zusatzlast.

Die Horizontalkraft Q_{2w}, die jedes Leitungsseil bei VDE-mäßiger Windlast auf Isolator und Mast ausübt und quer zur Leitungsrichtung wirkt, ergibt sich aus der Formel:

$$Q_{2w} = \frac{s_1 + s_2}{2} \cdot G_w \quad \cdots \cdots \cdots \cdots \quad (26)$$

Der Winkel, den die aus den beiden Kräften V_{2w} und Q_{2w} resultierende Seilkraft T_{2w} mit der Vertikalen bildet, soll mit γ bezeichnet werden. Dieser Winkel ist durch folgende Gleichung bestimmt:

$$\operatorname{tg} \gamma = \frac{Q_{2w}}{V_{2w}} = \frac{1}{1 - \frac{a_2}{4 f_{nw} \cdot \cos \beta} \cdot \frac{s_n{}^2}{s_1 \cdot s_2}} \cdot \frac{G_w}{G_s} \quad \cdots \cdots \quad (27)$$

Für gleich lange Maste auf ebener oder gleichmäßig abfallender Strecke mit $a = 0$ wird $\operatorname{tg} \gamma = \operatorname{tg} \beta$. Die Resultierende T_{2w} liegt also in der Richtung des Ausschwingwinkels. Bei Masten auf Anhöhen mit negativen a-Werten wird $\gamma < \beta$, bei Masten in Bodensenken mit positiven a-Werten wird $\gamma > \beta$. Wird:

$$\frac{a_2}{4 f_{nw} \cdot \cos \beta} \cdot \frac{s_n{}^2}{s_1 \cdot s_2} > 1,$$

so wird tg γ negativ. Der Winkel γ wird größer als 90°, die Resultierende T_{2w} hat alsdann eine schräge Richtung nach oben.

n) Beziehungen für eine durchgehende Grenzparabel als Spitzenparabel. Liegen bei einer durch eine Bodensenke führenden Kurzspannleitung alle Mastspitzen auf einer durchgehenden Parabel, so haben alle Maste in der Senke die gleiche Grenztemperatur t_g.

Die Durchhänge F' der Grenzparabel am Mast für die Temperatur t_g sind mit den Bezugshöhen a der Mastspitzen identisch. Es ist also bei Mast A_2 nach Formel (13):

$$a_2 = F_{2g}' = \frac{s_1 \cdot s_2}{2 \cdot p_g} \ldots \ldots \ldots \ldots (28)$$

Die Bezugshöhen der Mastspitzen (a-Werte) verhalten sich also, da der Parameter p_g eine allen Spannfeldern gemeinsame Größe darstellt, wie die Produkte der zugehörigen Spannfeldlängen.

$$\frac{a_2}{s_1 \cdot s_2} = \frac{a_3}{s_2 \cdot s_3} = \text{usw.} \ldots \ldots \ldots (29)$$

Ersetzt man für den vorliegenden Grenzfall in der Formel (29) die Größe a_2 durch die Größe F_{2g}', so erhält man für eine beliebige Temperatur t unter Anwendung der Formeln (13) und (15):

$$\frac{p_t}{p_g} = u_2 = \frac{F_{2g}'}{F_{2t}'} = u_3 = \frac{F_{3g}'}{F_{3t}'} = u_4 \text{ usw.} \ldots \ldots (30)$$

Liegen also die Mastspitzen in einer Senke auf einer durchgehenden Parabel, so ist allen Masten ein bestimmter Entlastungsgrad u bzw. Belastungsgrad $1 - u$ gemeinsam. Es verhalten sich daher nach Formel (19) die getragenen Seillängen wie die Längen der zugehörigen Spannfelder:

$$\frac{d_2}{s_1 + s_2} = \frac{d_3}{s_2 + s_3} = \text{usw.} \ldots \ldots \ldots (31)$$

V. Die Anwendung der gefundenen Beziehungen bei der Planung von Weitspannleitungen. Beispiel

Die Anwendung der gefundenen Beziehungen bei der Planung von Weitspannleitungen soll an Hand der maßstäblich ausgeführten Zeichnungen Bild 1 und 2 erläutert werden.

Bild 2 ist so entworfen, daß der Mast in der Senke bei einer Temperatur von $+ 40°$ C vier Zehntel der halben Länge der Leitungsseile der beiden zugehörigen 240 bzw. 200 m langen Spannfelder trägt, also $0,4 \cdot 220 = 88$ m. Hiervon entfallen 48 m auf das erste und 40 m auf das zweite Spannfeld. Die Maststandorte sollen bei dem Leitungsentwurf festgelegt worden sein. Die absoluten Höhen der Mastfußpunkte ergeben sich durch Interpolation der eingetragenen Höhenangaben, die die Ergebnisse der Nivellementsaufnahmen wiedergeben sollen.

Die in Abschnitt IV C abgeleiteten Formeln sollen unter Benutzung der in die Zeichnung (Bild 2) eingetragenen Längen- und Höhenmaße auf den Mast A_2 angewandt werden. Insbesondere soll festgestellt werden:

1. welche Grenztemperatur zu erwarten ist,
2. welche Seillast bei einer Temperatur von $- 20°$ C vorhanden ist,
3. welchen Ausschwingwinkel die Hängeketten bei Annahme einer auf den gesamten Abspannabschnitt wirkenden VDE-mäßigen Windlast aufweisen.

Es ist mit Stahlaluminiumseil (1 : 6) mit einem Nennquerschnitt von 120 mm², einem Seilquerschnitt von 143,5 mm², einem Seildurchmesser von 15,7 mm und einer Höchstzugspannung von 8 kg/mm², sowie mit einer mittleren (normalen) Spannweite von $s_n = 220$ m gerechnet worden. Für diese Spannweite ist ein Auszug aus der Durchhangstabelle auf Bild 1 eingetragen. Nach den VDE-Vorschriften ist folgendes Seilgewicht einzusetzen: $G_s = 3,45 \cdot 10^{-3} \cdot 143,5 = 0,495$ kg/m[1]). Da die Rechnung für den Mast A_2 durchgeführt wird, wird der Mastindex, wenn Irrtümer ausgeschlossen sind, fortgelassen.

a) Die Bezugshöhe b des Mastfußpunktes:

$$b = \frac{k_1 \cdot s_2 + k_3 \cdot s_1}{s_1 + s_2} - k_2 \quad \ldots \ldots \ldots \ldots \ldots \quad (8)$$

$$= \frac{120 \cdot 200 + 114{,}15 \cdot 240}{240 + 200} - 100{,}90 = \mathbf{15{,}91 \ m}$$

---

[1]) s. VDE 0210/X. 38 § 8.

b) Die Bezugshöhe a der Mastspitze:

$$a = b = \mathbf{15{,}91\ m} \text{ (Einheitsmaste)} \ \ldots \ldots \ldots \ (9)$$

c) Die Grenztemperatur t_g:

$$f_{ng} = \frac{a}{4} \cdot \frac{s_n{}^2}{s_1 \cdot s_2} = \frac{15{,}91}{4} \cdot \frac{220^2}{240 \cdot 200} = \mathbf{4{,}01\ m} \ \ldots \ (16)$$

Aus der Durchhangstabelle ergibt sich für $s_n = 220$ m und $f_{ng} = 4{,}01$ m die Grenztemperatur durch Extrapolation zu:

$$t_g = \mathbf{etwa - 56^\circ\,C}$$

d) Die in dem ersten Spannfeld bei einer Temperatur von $+ 40^\circ$ C getragene Seillänge d':

$$d' = \left(1 - \frac{i_1 - i_2}{4 f_n} \cdot \frac{s_n{}^2}{s_1{}^2}\right) \cdot \frac{s_1}{2} \ {}^{1)} \ \ldots \ldots \ldots \ (17)$$

$$= \left(1 - \frac{19{,}1}{4 \cdot 6{,}68} \cdot \frac{220^2}{240^2}\right) \cdot \frac{240}{2} = \mathbf{48\ m}$$

e) d'' bei $+ 40^\circ$ C

$$d'' = \left(1 - \frac{13{,}25}{4 \cdot 6{,}68} \cdot \frac{220^2}{200^2}\right) \cdot \frac{200}{2} = \mathbf{40\ m} \ \ldots \ldots \ (17)$$

f) Die von dem Mast A_2 bei einer Temperatur von $+ 40^\circ$C getragene Seillänge d_{+40°:

$$d_{+40^\circ} = \left(1 - \frac{a}{4 \cdot f_n} \cdot \frac{s_n{}^2}{s_1 \cdot s_2}\right) \cdot \frac{s_1 + s_2}{2} \ \ldots \ldots \ldots \ (18)$$

$$= \left(1 - \frac{15{,}91}{4 \cdot 6{,}68} \cdot \frac{220^2}{240 \cdot 200}\right) \cdot \frac{240 + 200}{2}$$

$$= (1 - 0{,}6) \cdot 220 = \mathbf{88\ m}$$

$$u_{+40^\circ} = \mathbf{0{,}6}$$

g) Die von dem Mast A_2 bei einer Temperatur von $- 20^\circ$C getragene Seillänge d_{-20°:

$$d_{-20^\circ} = \left(1 - \frac{15{,}91}{4 \cdot 5{,}06} \cdot \frac{220^2}{240 \cdot 200}\right) \cdot 220 = (1 - 0{,}792) \cdot 220 \ \ . \ (18)$$

$$= \mathbf{45{,}7\ m}$$

$$u_{-20^\circ} = \mathbf{0{,}792}$$

Der Mast A_2 trägt also bei einer Temperatur von $- 20^\circ$ C noch $20{,}8\%$ der halben Seillänge seiner Spannfelder.

${}^{1)}$ $i_1 - i_2 = k_1 - k_2 = 120 - 100{,}9 = 19{,}1$ m (Einheitsmaste).

h) Durchhang der Grenzparabel am Mast bei einer Temperatur von — 20° C:

$$F_2' = 4f_n \cdot \frac{s_1 \cdot s_2}{s_n^2} = 4 \cdot 5{,}06 \cdot \frac{240 \cdot 200}{220^2} = 20{,}1 \text{ m} \quad \ldots \quad (13)$$

i) Die Sicherheit gegen eine völlige Entlastung bei Frost (— 20° C) ergibt sich aus der Differenz:

$$F'_{-20°} - a_2 = 20{,}1 - 15{,}91 = \textbf{4,19 m.}$$

k) Seillast bei Frost (— 20° C):

$$V_{-20°} = d_{-20°} \cdot G_s = 45{,}7 \cdot 0{,}495 = \textbf{22,6 kg} \quad \ldots \ldots \quad (20)$$

l) Windlast G_w für je 1 m Seillänge:

$$G_w = \frac{0{,}5 \cdot 125 \cdot D}{1000} = \frac{0{,}5 \cdot 125 \cdot 15{,}7}{1000} = \textbf{0,982 kg/m} \quad \ldots \quad (21)$$

m) Ausschwingwinkel β:

$$\text{tg } \beta = \frac{G_w}{G_s} = \frac{0{,}982}{0{,}495} = 1{,}985 \ldots \ldots \ldots \quad (22)$$

$$\beta = \textbf{63° 16'}$$

n) Resultierende R_w aus Seilgewicht und Windlast:

$$R_w = \sqrt{G_w^2 + G_s^2} = \sqrt{0{,}982^2 + 0{,}495^2} = \textbf{1,100 kg/m} \quad \ldots \quad (23)$$

Demgegenüber ergibt sich die Summe von Seilgewicht G_s und VDE-mäßiger, in Richtung der Schwerkraft wirkender Zusatzlast G_z bei einer Temperatur von — 5° C wie folgt:

$$G_s = \qquad\qquad\qquad\qquad\qquad 0{,}495 \text{ kg/m}$$
$$G_z = 180 \cdot \sqrt{D} = 180 \cdot \sqrt{15{,}7} = 713 \text{ g/m} = 0{,}713 \text{ kg/m}$$
$$\overline{G = G_s + G_z \qquad\qquad\qquad\qquad = \textbf{1,208 kg/m}}$$

Die Resultierende bei Windlast $R_w = 1{,}100$ kg/m ist kleiner als die Summe von Seilgewicht und Zusatzlast $G = 1{,}208$ kg/m. Demnach wäre es notwendig, bei Windlast mit kleineren Durchhängen als bei Eislast zu rechnen, wenn bei Windlast nicht höhere, über — 5° C liegende Temperaturen in Frage kommen würden, die den Durchhang wiederum vergrößern. Die VDE-Vorschriften enthalten keine Angaben, welche Temperatur bei Windlast einzusetzen ist.

Den folgenden für Windbelastung durchgeführten Berechnungen ist der aus der Durchhangstabelle entnommene Durchhang von 6,36 m für — 5° C und Zusatzlast bei 220 m normaler Spannweite zugrunde gelegt. Eine hier nicht durchgeführte Rechnung zeigt, daß eine Belastung von 1,100 kg/m den Durchhang von 6,36 m bei einer Temperatur von 0° C hervorruft. Diese Temperatur bildet die untere Grenze der für

Windlast in Frage kommenden Temperaturen (0° bis + 10° C). Bei Annahme eines Durchhangs von 6,36 m wird also den ungünstigsten Verhältnissen Rechnung getragen.

o) Getragene Seillänge d_{2w}:

$$d_{2w} = \left(1 - \frac{a_2}{4 \cdot f_{nw} \cdot \cos \beta} \cdot \frac{s_n{}^2}{s_1 \cdot s_2}\right) \cdot \frac{s_1 + s_2}{2} \quad \dots \dots \dots (24)$$

$$= \left(1 - \frac{15,91}{4 \cdot 6,36 \cdot 0,4498} \cdot \frac{220^2}{240 \cdot 200}\right) \cdot \frac{240 + 200}{2}$$

$$= (1 - 1,401) \cdot 220 = -\mathbf{88,2\,m}$$

p) Vertikalkraft V_{2w}:

$$V_{2w} = d_{2w} \cdot G_s = -88,2 \cdot 0,495 = -\mathbf{43,6\,kg} \quad \dots \dots (25)$$

q) Windlast Q_{2w}:

$$Q_{2w} = \frac{s_1 + s_2}{2} \cdot G_w = 220 \cdot 0,982 = \mathbf{216\,kg} \quad \dots \dots (26)$$

r) Winkel γ der resultierenden Seilkraft T_w mit der Vertikalen:

$$\operatorname{tg} \gamma = \frac{Q_{2w}}{V_{2w}} = \frac{216}{-43,6} = -4,95 \dots \dots (27)$$

$$\gamma = \mathbf{101° 27'}$$

Die mit Hilfe der Gleichungen des Abschnitts IV C ermittelten Durchhänge, sowie Ausschwingwinkel sind in den Bildern 1 und 2 zeichnerisch wiedergegeben. Neben Bild 1 sind 2 Kräftediagramme eingetragen, die die bei Windlast auftretenden, in der Ebene senkrecht zur Leitungsrichtung wirkenden Seilkräfte wiedergeben. Das obere Diagramm gilt für Maste auf ebener Strecke mit 220 m Spannweite mit $V = 220$ m $\cdot$ 0,495 kg/m $= 108,9$ kg, das untere Diagramm für Mast A_2 in Bild 1 und 2 mit $V_{2w} = -43,6$ kg.

Üblicherweise wird bei Windlast mit einer Temperatur von + 5° C gerechnet. Für diese Temperatur ergibt die Rechnung folgende Werte: $f_{nw} = 6,48$ m, $d_{2w} = -82,5$ m, $V_{2w} = -40,9$ kg, $\operatorname{tg} \gamma = -5,28$, $\gamma = 100°43'$. Die für eine Temperatur von + 5° C an Stelle von 0° C durchgeführte Rechnung zeigt also keine wesentliche Verbesserung der Durchhangs- und Ausschwingungsverhältnisse.

Bei den Rechnungen mit Windbelastung sind folgende Gesichtspunkte unberücksichtigt geblieben:

1. Die relative Höhe a_2 der Seilaufhängepunkte erfährt durch den größeren Anhub der Hängeketten am Mast A_2 eine geringe Verkleinerung. Hierdurch verringert sich auch die hebende Seillänge am Mast A_2.

2. Das Seil erhält bei dem tiefstehenden Mast A_2 durch das Eigengewicht der angehobenen Hängekette eine zusätzliche Belastung.

3. Durch den Anhub der Hängeketten am Mast A_2 verkleinern sich die Abstände zwischen den Aufhängepunkten der Seile an den Masten A_1, A_2 und A_3. Hierdurch vergrößert sich der Durchhang unter Verringerung des Seilzuges, der sich mit den übrigen Feldern des Abspannabschnittes ausgleichen muß.

4. Bei einer Temperatur von — 5° C und Zusatzlast liegt der Scheitelpunkt der Durchhangskurve in einer Entfernung von 44,3 m von Mast A_2 (aus Formel (17), mit $f_n = 6{,}36$ m). Bei Windbelastung rückt der Scheitelpunkt der in der Ebene des Ausschwingwinkels liegenden Durchhangsparabel näher an die Mitte des Spannfeldes heran. Eine hier nicht durchgeführte Rechnung zeigt, daß der Durchhang bei der gleichen Seillänge in einem solchen Fall nicht unwesentlich größer wird (etwa 1 m).

Auch in diesem Fall hat die mit der Vergrößerung des Durchhanges verbundene Verringerung des Seilzugs einen Ausgleich des Seilzuges mit den übrigen Feldern des Abspannabschnittes zur Folge.

Es ergeben sich nun folgende Fälle:

a) Die durch die Bodensenke führende Strecke liegt innerhalb eines längeren Abspannabschnitts. Die Seilzüge gleichen sich durch geringe Schrägstellung der Hängeketten aus. Für die durch die Bodensenke führende Leitungsstrecke wirken sich demnach nur die unter 1. und 2. erläuterten Gesichtspunkte in vollem Maße aus. Ihr Einfluß ist ohne große Bedeutung. Wird für den gesamten Abspannabschnitt eine gleichmäßige VDE-mäßige Windlast angenommen, so bedingt diese ein unzulässiges Ausschwingen der Hängeketten an den Masten in der Bodensenke und damit einen Kurzschluß zwischen Seilen und Mast bzw. Gestänge. Wird dagegen mit Böen gerechnet, die sich nur auf einen kleinen Teil des Abspannabschnitts auswirken, so kommt für den Abspannabschnitt ein verhältnismäßig kleiner Seilzug in Frage. In dem von der Bö betroffenen Teil ist mit dem Ausschwingwinkel β und einem großen Durchhang, in den übrigen Teilen mit einem kleineren Ausschwingwinkel und einem kleineren Durchhang zu rechnen. Bei Annahme einer nur in der Bodensenke wirksamen Bö an Stelle einer in dem gesamten Abspannabschnitt gleichmäßig vorhandenen Windlast ergeben sich nach den Formeln (24) und (27) infolge der größeren Werte von f_{nw} für die Hängeketten in der Bodensenke wesentlich kleinere Ausschwingwinkel.

b) Die durch die Bodensenke führende Strecke bildet einen Abspannabschnitt, so daß sich die unter 1. bis 4. erläuterten Gesichtspunkte voll auswirken. Es ist aber auch in diesem Fall kaum damit zu rechnen, daß die VDE-mäßige Windlast auf der gesamten Strecke vorhanden ist. Ferner muß bezweifelt werden, ob in Bodensenken Winde größter Stärke auftreten werden.

Aus den obigen Darlegungen geht hervor, daß die VDE-Vorschriften keine eindeutigen Angaben für Berechnungen geben, die den Nachweis der Sicherheit der Leitung bei Windlast erbringen sollen. Aus den Untersuchungen geht aber hervor, daß bei Masten in Bodensenken mit größeren Ausschwingwinkeln der Hängeketten im Vergleich zu Masten auf ebener Strecke gerechnet werden muß. Bezüglich der praktischen Erfahrungen ist zu sagen, daß Überschläge an Masten infolge Windbelastung nicht befürchtet werden und dem Verfasser auch nicht bekannt geworden sind. Es genügt im allgemeinen, wenn die Rechnung den Nachweis einer genügenden Länge getragenen Leitungsseiles bei Frost erbringt.

Den an Hand der Bilder 1 und 2 durchgeführten Rechnungen sollen — um einen erweiterten Überblick über die Anwendung der gefundenen Beziehungen bei der Planung von Weitspannleitungen zu geben — noch folgende Ergänzungen hinzugefügt werden:

Nach Gleichung (19) sind die für verschiedene Temperaturen in Frage kommenden u-Werte den F'-Werten und damit nach Gleichung (15) auch den f_n-Werten umgekehrt proportional, so daß

$$\frac{u_{+40^\circ}}{u_{-20^\circ}} = \frac{f_{n-20^\circ}}{f_{n+40^\circ}} \quad \ldots \ldots \ldots \ldots (32)$$

Es läßt sich also aus der abgegriffenen Seillänge von 88 m, aus der sich ein u-Wert von 0,6 ergibt, sofort der u-Wert für eine Temperatur von — 20° C berechnen:

$$u_{-20^\circ} = \frac{u_{+40^\circ} \cdot f_{n+40^\circ}}{f_{n-20^\circ}} = \frac{0,6 \cdot 6,68}{5,06} = \mathbf{0,792}$$

Die bei einer Temperatur von — 20° C getragene Seillänge ergibt sich aus dem Wert von u_{-20° wie folgt:

$$d_{-20^\circ} = (1 - u_{-20^\circ}) \cdot \frac{s_1 + s_2}{2} = (1 - 0,792) \cdot \frac{240 + 200}{2} = \mathbf{45,7\ m}\ (18)$$

Damit sind die gleichen Werte gefunden, die auch unter Punkt g errechnet wurden.

Wird bei einem Leitungsentwurf, der mit den Kurven größten Durchhangs ausgeführt werden soll, ein bestimmter Belastungsgrad bei einer Temperatur von — 20° C gefordert, z. B. $1 - u = 0,2$, so läßt sich der bei dem Entwurf einzuhaltende Belastungsgrad aus der Formel (32) ermitteln.

Fehlplanungen können Seilanhubkräfte zur Folge haben, die sich nach Formel (18) berechnen lassen. Es macht alsdann keine Schwierigkeiten, die erforderlichen Zusatzgewichte anzugeben. Ähnlich liegen die Verhältnisse bei Kurzspannleitungen, deren Stützenisolatoren durch Hängeisolatoren ersetzt werden sollen. Nach Messung der Bezugshöhen der Mastfußpunkte ist es bei bekannten Mastlängen ohne weiteres möglich, die etwa benötigten Zusatzgewichte unter Anwendung der Formel (18) und (20) zu bestimmen.

Bei größeren Spannweiten und fehlenden Nivellementsangaben bereitet die Ermittlung der Bezugshöhen der Mastfußpunkte Schwierigkeiten. In solchen Fällen müssen Messungen über Hilfspunkte vorgenommen werden. Ein Aufriß der geometrischen Verhältnisse ermöglicht eine Berechnung der gesuchten Bezugshöhe.

VI. Die Anwendung der gefundenen Beziehungen bei der Planung von Kurzspannleitungen

A. Die vertikalen Seilkräfte bei Stützenisolatorenleitungen

In den folgenden Ausführungen sollen an Hand der Bilder 11, 4 und 6 die in Abschnitt IV C entwickelten Formeln auf Kurzspannleitungen angewandt und für die Planung derartiger Leitungen ausgewertet werden.

In Bild 11 ist in Profil 1 ein im Schnitt genau parabelförmiges Tal von 560 m Breite gezeichnet, das von einer Leitung mit 8 Spannfeldern von je 70 m Länge (normale Spannweite s_n) durchkreuzt wird. Die Bezugshöhen der Mastfußpunkte sind gleich groß ($b = 2,5$ m). Wendet man die Formel (12) der Durchhangsparabel auf die Talparabel an, so erhält man den Geländedurchhang bezogen auf eine einzelne Spannfeldlänge zu $f_T = \dfrac{2,5\,\text{m}}{4} = 0,625$ m. Der Höhenunterschied 0,625 m zwischen der Mitte des Spannfeldes und den Mastfußpunkten beträgt demnach weniger als der hundertste Teil der Mastentfernung (70 m). Die Talkrümmung kann daher nicht als besonders stark angesehen werden.

Die Tiefe des Tales (Durchhang der Talparabel) ergibt sich unter sinngemäßer Anwendung der Formel (12) zu:

$$F_{T \cdot 560\,\text{m}} = 0,625 \cdot \frac{560^2}{70^2} = 40\,\text{m}$$

Das Verhältnis Taltiefe zu Talbreite ist also 40 m : 560 m $= 1 : 14$.

Die Bedingungen, unter denen das Tal mit Kurz- und Weitspannleitungen durchkreuzt werden kann, sind sehr verschieden. In der Zahlentafel V ist eine Vergleichsrechnung für die drei Spannweiten 70, 140 und 280 m durchgeführt worden, bei der gleiche Mastlängen und 50 mm²-Aluminiumseil bei 8 kg/mm² Höchstzugspannung ange-

Zahlentafel V.

Fall	Zahl der Spannfelder	Spannweite s_n in m	Durchhang bei $-20°$ C $f_{n-20°}$ in m	Durchhang der Grenzparabel $F_{n-20°}$ in m	Bezugshöhe der Mastspitze a in m	Entlastungsgrad $u = \dfrac{a}{F_{n-20°}}$	Belastungsgrad $1-u$	getragene Seillänge d in m
1	8	70	0,265	1,06	2,50	2,36	$-1,36$	-95
2	4	140	3,00	12,00	10,00	0,833	$+0,167$	$+23,4$
3	2	280	15,5	62,00	40,00	0,645	$+0,355$	$+99,5$

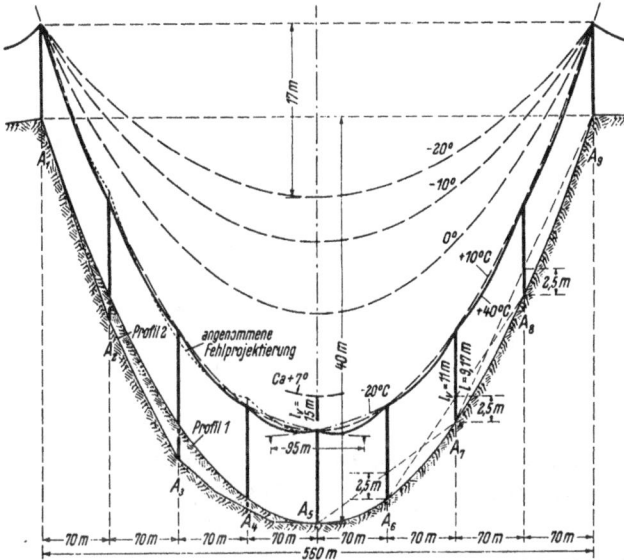

Bild 11. Leitungszug durch eine breite und tiefe Bodensenke. Durchhangskurven für + 40° C.

nommen werden. Unter Benutzung der Formeln (13) und (18) sind die von den Masten in der Bodensenke bei einer Temperatur von — 20° C getragenen Seillängen ermittelt worden.

Bei Spannweiten von 140 und 280 m ergeben sich getragene Seillängen von 23,4 und 99,5 m, so daß zur Verwendung gelangende Hängeisolatoren keinen Anhub bei Frost erfahren würden. Im Gegensatz hierzu ergibt die Spannweite von 70 m eine hebende Seillänge von 95 m, die die Verwendung von Hängeisolatoren ohne besondere Maßregeln ausschließt. Es ist in dem vorliegenden Fall nicht möglich, den Seilanhub dadurch zu vermeiden, daß man größere Mastlängen vorsieht. Die in Bild 11 eingetragene, die Spitzen der Endmaste A_1 und A_9 verbindende Grenzparabel für $t_y = — 20°$ C und $s_n = 70$ m hat einen Durchhang von nur 17 m[1]) und weist damit einen um 40 — 17 = 23 m geringeren Durchhang als die Talparabel auf. Eine Bauausführung unter Vermeidung von Seilanhub bei Frost würde daher in der Talmitte Mastlängen von 35 bis 40 m erfordern, die praktisch nicht in Betracht kommen.

Es sind, wenn man nicht auf Weitspannung übergehen will, noch drei Möglichkeiten vorhanden, eine Hängeisolatorenleitung mit 70 m

---

[1]) Der Durchhang der Grenzparabel ergibt sich unter sinngemäßer Anwendung der Formel (13) aus dem Durchhang des Einzelfeldes bei einer Temperatur von — 20° C (0,265 m) zu:

$$F = 0,265 \cdot \frac{560^2}{70^2} = 17 \text{ m}$$

Spannweite unter Verwendung gebräuchlicher Mastlängen durch das Tal zu führen: Der Einbau von Gewichtsbelastungen an den Isolatoren, die Verringerung des Seilzuges oder der Einbau von Abspannmasten in der Bodensenke. Von diesen Möglichkeiten wird man ungern Gebrauch machen. Ihre laufende Anwendung wäre aber, wie Bild 4 und 6 zeigen, auch bei kleinen Bodensenken notwendig. Auch bei der in Bild 4 dargestellten Leitungsstrecke kann, da nur Mastlängen bis zu 15 m zur Verfügung stehen, die Grenztemperatur nicht mehr von — 5° C auf — 20° C gesenkt werden. Bei der in Bild 6 dargestellten, nur aus drei Spannfeldern bestehenden und nicht besonders tiefen Bodensenke würden Hängeisolatoren Maste von 15 und 13 m Länge erfordern, während für eine Stützenisolatorenleitung Maste von 14 und 12 m bzw. 13 und 11 m Länge genügen (s. Abschnitt VI D).

Hieraus folgt, daß der Verwendung von Hängeisolatoren bei Kurzspannleitungen sehr enge Grenzen gesetzt sind. Selbst kleine Bodensenken bereiten erhebliche Schwierigkeiten. **Man ist deshalb gezwungen, bei dem Bau von Kurzspannleitungen in hügeligem Gelände von der Verwendung von Hängeisolatoren Abstand zu nehmen und die Leitungen mit Stützenisolatoren auszurüsten,** da nur diese in der Lage sind, die durch die Spannweite bedingten Seilanhubkräfte aufzunehmen. Die gelegentlich erhobene Forderung, daß auch Stützenisolatorenleitungen von Seilanhubkräften vollständig entlastet werden müssen, läßt sich in hügeligem Gelände nicht erfüllen. Es kann sich daher bei der Planung von Stützenisolatorenleitungen nur darum handeln, durch Wahl passender Mastlängen die an sich unvermeidlichen Seilanhubkräfte auf ein möglichst gleichmäßiges und in der Größe erträgliches Mindestmaß herabzusetzen. Es besteht ein sehr großer Unterschied zwischen einem Mast, der bereits bei normalen Temperaturen offensichtlich in der Leitung hängt, und einer Bauausführung, die nur bei Frost Seilanhubkräfte aufweist. Die in Bild 11 dargestellte Leitungsstrecke hat bei Verwendung gleicher Mastlängen und bei Spannweiten von 70 m Länge eine Grenztemperatur von + 10° C. Der Winkel, den die Seile an den Isolatorenköpfen bei einer Temperatur von — 20° C miteinander bilden, weicht, wie eine hier nicht durchgeführte Rechnung zeigt, nur um 2° 20′ von dem gestreckten Winkel ab, ist also kaum wahrnehmbar. Der bei der genannten Temperatur auftretende Seilanhub beträgt 13 kg je Isolator (s. Zahlentafel VI) und muß, wenn keine andere Lösung möglich ist, zugelassen werden.

Der Seilanhub ist nicht allein von der Bauausführung, sondern auch von dem zur Verwendung gelangenden Leitungsmaterial und dem Seilquerschnitt abhängig und kann infolgedessen sehr verschieden groß ausfallen. Für die in Bild 11 dargestellte Leitungsstrecke ist unter Benutzung der Formeln (13), (18) und (20) in Zahlentafel VI eine weitere

Vergleichsrechnung durchgeführt. Es sollen die Seilanhubkräfte berechnet werden, die bei Verwendung von 50 mm²- und 150 mm²-Aluminiumseil, sowie bei Kupferseil gleicher Querschnitte bei einer Temperatur von − 20° C auftreten. Hierbei sind Profil 1, gleiche Mastlängen und 70 m-Felder angenommen. Die Rechnungsergebnisse (Zeilen 1 bis 4) zeigen, daß die Anhubkräfte mit dem Querschnitt zunehmen und bei Verwendung von Kupferseil größer ausfallen als bei Aluminiumseil.

Zahlentafel VI.

a	b	c	d	e	f	g	h	i	k	l	m	n	o	p	q	r
Zeile	Leitungsbogen	Leitungsquerschnitt in mm²	Werkstoff	Höchstzugspannung in kg/mm²	Durchhang bei −20° C in m	Bezugshöhe in m	Durchhang der Grenzpar. am Mast in m	Entlastungsgrad u	Belastungsgrad	Seilgewicht in kg/m	Zusatzlast in kg/m	Seilgew.+Zusatzlast in kg/m	getragene Seillänge in m	Vertikalkraft auf 1 Isolator in kg	Vertikalkraft auf den Mast in kg	max. Seillast auf ebener Strecke in kg
					$f_{n-20°}$	a	$F'_{-20°}$	$\frac{a}{F''}$	$1 - \frac{a}{F''}$	G_4	G_z	G	d	V	$3\,V$	V_{max}
1	ausgeglichen	50	Al	8	0,265	2,50	1,06	2,36	− 1,36	0,137	0,54	0,677	− 95	− 13	− 39	+ 47
2		150	Al	8	0,215	2,50	0,86	2,91	− 1,91	0,405	0,716	1,121	− 134	− 54	− 162	+ 78
3		50	Cu	16	0,34	2,50	1,36	1,84	− 0,84	0,445	0,54	0,985	− 59	− 26	− 78	+ 69
4		150	Cu	16	0,34	2,50	1,36	1,84	− 0,84	1,335	0,716	2,051	− 59	− 79	− 237	+ 143
5	nicht ausgeglichen	50	Al	8	0,265	4,17	1,06	3,97	− 2,97	0,137	0,54	0,677	− 208	− 28	− 84	+ 47
6		150	Al	8	0,215	4,17	0,86	4,85	− 3,85	0,405	0,716	1,121	− 270	− 109	− 327	+ 78
7		50	Cu	16	0,34	4,17	1,36	3,07	− 2,07	0,445	0,54	0,985	− 145	− 65	− 195	+ 69
8		150	Cu	16	0,34	4,17	1,36	3,07	− 2,07	1,335	0,716	2,051	− 145	− 194	− 582	+ 143

Es soll nunmehr eine Fehlprojektierung angenommen werden, derart, daß von den 7 Masten in der Bodensenke Mast A_3 um 1 m kürzer und seine beiden Nachbarmaste A_2 und A_4 um je 1 m länger geschätzt worden seien. Die Bezugshöhe des Mittelmastes vergrößert sich also um $5/6$ (1 m + 1 m) = 1,67 m. Die in den Zeilen 5 bis 8 der Zahlentafel VI durchgeführte zweite Rechnungsreihe ergibt für die Seilanhubkräfte ungefähr die doppelten Werte. Die in den Zeilen 6 und 8 errechneten Anhubkräfte für drei Seile überschreiten bereits das normale Mastgewicht (etwa 300 kg). Die errechneten Werte geben ein anschauliches Bild von der Bedeutung einer einwandfreien Planung.

Die Seilanhubkraft muß vom Stützenisolator aufgenommen werden, der so ausgebildet ist, daß Vertikalbeanspruchungen in beiden Richtungen auf Stütze und Mast übertragen werden können. Das Leitungsseil liegt in einer halbkreisförmigen Rille am Kopf des Isolators und wird durch einen Wickel- bzw. Bügelbund fest in diese hineingepreßt.

Es ist nicht möglich, verbindliche Angaben über die bei Stützenisolatorenleitungen zulässigen Anhubkräfte zu machen. Ausgewertete Betriebserfahrungen stehen nicht zur Verfügung. Versuche an neu ausgeführten Bunden würden viel zu günstige Ergebnisse bringen und keine zuverlässigen Schlüsse zulassen, da der Deformation der Bunde infolge eines jahrelangen Betriebs eine ausschlaggebende Bedeutung zukommt. Es soll deshalb versucht werden, die Anhubkräfte zu den auftretenden Seillasten in Beziehung zu bringen.

Auf ebener Strecke trägt ein Mast die halbe Seillänge seiner Spannfelder. In der Zahlentafel VI sind in der Spalte r die bei einem Spannfeld von 70 m Länge auftretenden Seillasten einschl. Zusatzlast je Seil angegeben. Für Maste auf Anhöhen kommen größere Seillasten in Frage, die den doppelten Betrag erreichen und sogar übertreffen können. Es wäre zweckmäßig, die Anhubkräfte nicht bis auf den auf ebener Strecke auftretenden Maximalwert der Seillast anwachsen zu lassen. Rein gefühlsmäßig sei angegeben, daß die Anhubkräfte bei Aluminiumleitungen kleineren Querschnittes (25 bis 70 mm²) nicht über ein Drittel der angegebenen Maximallast hinausgehen sollen. Bei größeren Querschnitten müssen niedrigere Werte angenommen werden.

Die Frage der zulässigen Seilanhubkräfte steht im Zusammenhang mit der Frage der zulässigen Grenztemperaturen.

Bei kurzen und nicht zu tiefen Bodensenken (Beispiel Bild 6) hat der Trasseur die Möglichkeit, durch Wahl großer Mastlängen sehr niedrige Grenztemperaturen zu erzielen. Es hat, vom Standpunkt der Spannarbeiten aus gesehen, aber keinen Zweck, Grenztemperaturen unter — 5° C anzustreben, da mit niedrigeren Spanntemperaturen nicht gerechnet zu werden braucht und größere Mastlängen den Bau unnötig verteuern würden. Die bei einer Grenztemperatur von — 5° C auftretenden Anhubkräfte können ohne weiteres zugelassen werden.

Bei der in Bild 3 dargestellten Leitungsstrecke ist die Bewegungsfreiheit bereits beschränkt. Eine Herabsetzung der Grenztemperatur unter — 5° C ist nicht mehr durchführbar. In dem vorliegenden Fall bestimmen also Geländeprofil und vorhandenes Mastmaterial die untere Grenze der erreichbaren Grenztemperatur.

Bei der in Bild 11 dargestellten Leitungsstrecke (Profil 1) beträgt die Grenztemperatur bei Verwendung von 11 m-Masten + 10° C. 15 m-Maste können bei einem genauen Abgleich der Mastlängen nur eine Erniedrigung der Grenztemperatur um etwa 3° C bringen (s. Mast A_5 in der Talmitte).

Ein genau parabelförmiges Tal kann aber in der Praxis nicht erwartet werden. Rechnet man in Bild 11 nicht mit dem gleichmäßigen Profil 1, sondern mit dem etwas unregelmäßigeren Profil 2, so sieht

man, daß die unterschiedlichen Längen des vorhandenen Mastmaterials
bei breiten Bodensenken gar nicht die Aufgabe erfüllen können, die
Grenztemperatur auf ein irgendwie gewünschtes Maß herabzusetzen.
Ihnen fällt die alleinige Aufgabe zu, die Geländeunebenheiten innerhalb der Senke auszugleichen und einen möglichst gleichmäßigen Leitungsbogen herbeizuführen. Die in dem Tal erreichbare Minimalgrenze
der Grenztemperatur wird ausschließlich durch die Geländeverhältnisse,
d. h. durch die Talkrümmung, selbst bestimmt.

Es ist deshalb richtig, bei der Planung von Kurzspannleitungen
nicht von einer als wünschenswert erscheinenden Grenztemperatur
auszugehen, sondern mit dem Abgleich der Mastlängen unter Benutzung
der einfachen Formel 3 zu beginnen. Die gefundenen a'-Werte ergeben
bereits ein sehr deutliches Bild von der erreichbaren Mindestgrenztemperatur. Liegt diese zu hoch, so muß eine andere Trasse gesucht
werden, die ein günstigeres Profil ergibt. Der Schwerpunkt der gesamten Planungsarbeiten bei Kurzspannleitungen liegt also immer in
der Wahl einer zweckmäßigen Trasse und nicht in einem kleinlichen
Abgleich der Mastlängen. Aber gerade in den Fällen, in denen es in
welligem Gelände Schwierigkeiten bereitet, die günstigste Trasse zu finden, ist ein Ermittlungsverfahren von besonderem Wert, das ein schnelles
Urteil über die Brauchbarkeit einer Trasse auf Grund einfacher und
rasch auszuführender Messungen ermöglicht.

Die in Bild 11 dargestellte Leitungsstrecke hat eine Grenztemperatur von $+ 10°$ C. Von dieser Temperatur an können die Spannarbeiten
in normaler Weise durchgeführt werden. Sollen die Spannarbeiten z. B.
bei $0°$ C ausgeführt werden, so ergeben sich gewisse, aber nicht unüberwindliche Schwierigkeiten. Das Seil wird zunächst so weit gespannt,
daß es an den Isolatoren noch gerade aufliegt und dann an den Masten
so befestigt, daß es sich nicht von den Isolatoren abheben kann, aber
noch eine geringe Bewegung in Leitungsrichtung zuläßt. Hierauf wird
es auf den vorgeschriebenen Zug nachgespannt. Die Seillänge in der
Bodensenke läßt sich nach folgender Formel[1] berechnen:

$$L = s + \frac{8}{3} \cdot \frac{f^2}{s} \quad \ldots \ldots \ldots \ldots \quad (33)$$

Setzt man die Durchhänge $f_{0°} = 0,445$ m und $f_{+10°} = 0,625$ m in obige
Gleichung ein, so erhält man für 8 Spannfelder:

$$L_{0°} = 8 \cdot 70 \, \text{m} + 8 \cdot \frac{8}{3} \cdot \frac{0,445^2}{70} = 560 \, \text{m} + 0,06 \, \text{m}$$

$$L_{+10°} = 8 \cdot 70 \, \text{m} + 8 \cdot \frac{8}{3} \cdot \frac{0,625^2}{70} = 560 \, \text{m} + 0,12 \, \text{m}$$

---

[1] s. Kapper, Abschnitt 3, S. 28.

Der Unterschied der Seillänge, d. h. das Maß, um das das Seil nachgespannt werden muß, beträgt also nur 6 cm. Diesem Wert ist die an sich kleine Dehnung infolge des größeren Zuges zuzufügen.

Der Anhub beträgt:

$$V = 0{,}137 \cdot \left(1 - \frac{2{,}5}{4 \cdot 0{,}445}\right) \cdot 70 = 0{,}137\,(1 - 1{,}4) \cdot 70 = 3{,}84 \text{ kg} \quad (18)\,(20)$$

Die Anhubkräfte lassen sich also auch bewältigen. Sie steigern sich aber bei der angenommenen Fehlprojektierung und 50 mm²-Aluminiumseil bereits auf 13 kg. Es kommt also immer auf einen richtigen Abgleich der Mastlängen an.

Eine Grenztemperatur von + 10° C kann bei kleinen Seilquerschnitten notfalls noch zugelassen werden. Es dürfte sich nicht empfehlen, noch höhere Grenztemperaturen in Kauf zu nehmen. Bei größeren Querschnitten sollen die Grenztemperaturen niedriger liegen, da sich sonst zu große Anhubkräfte ergeben.

Die Begrenzung der maximal zugelassenen Grenztemperatur auf + 10° C steht mit der Begrenzung der Anhubkräfte auf ein Drittel der Maximallast auf ebener Strecke annähernd im Einklang.

B. Die Entwicklung von Schaubildern für den praktischen Gebrauch

In Abschnitt IV C ist die genaue Formel (9) für die Berechnung der Bezugshöhen a der Mastspitzen abgeleitet worden.

$$a_2 = \frac{l_1 \cdot s_2 + l_3 \cdot s_1}{s_1 + s_2} + b_2 - l_2 \quad \ldots \ldots \ldots \quad (9)$$

Diese Formel ist nicht geeignet, auf der Strecke angewandt zu werden. Die freien Mastlängen l sind Werte in gebrochenen Meterzahlen. Die beiden Multiplikationen in Verbindung mit einer Division erfordern einen sorgfältigen Rechnungsgang. Eine schnelle Ermittlung der a-Werte ist nicht durchführbar.

In Abschnitt II C ist für die Ermittelung der a-Werte eine andere Formel aufgestellt worden.

$$a = a' + \frac{1}{6} \cdot M + K' \quad \ldots \ldots \ldots \ldots \quad (5)$$

Setzt man in diese Formel den Wert von a aus Formel (9), den Wert von a' aus Formel (3) und den Wert von $M = l_{v2} - \dfrac{l_{v1} + l_{v3}}{2}$ ein und ordnet, so erhält man den Wert von K' zu

$$K_2' = \frac{5\,(l_{v3} - l_{v1}) \cdot (s_1 - s_2)}{12\,(s_1 + s_2)} \quad \ldots \ldots \ldots \quad (34')$$

Setzt man $s_1 + s_2 = 2 s_n$, so macht man bei Spannweiten von 60 bis 80 m und Mastlängen von 11 bis 15 m maximal einen Fehler von 0,01 m, der vernachlässigt werden soll. Man erhält dann:

$$K_2' = \frac{5 (l_{v3} - l_{v1}) \cdot (s_1 - s_2)}{24 s_n} \quad \ldots \ldots \quad (34)$$

Unter Verwertung dieser Formel zeichnet man ein Schaubild für die Spannweite s_n nach Bild 15.

Die Korrektur K'' erhält man auf folgende Weise. Es ist:

$$F_2 = f_n \cdot \frac{(s_1 + s_2)^2}{s_n^2} \quad \ldots \ldots \ldots \ldots \quad (12)$$

$$F_2' = f_n \cdot \frac{4 \cdot s_1 \cdot s_2}{s_n^2} \quad \ldots \ldots \ldots \quad (13)$$

$$K_2'' = F_2 - F_2' = \frac{f_n}{s_n^2} \cdot [(s_1 + s_2)^2 - 4 s_1 \cdot s_2]$$

$$K_2'' = \frac{F_2'}{4 \cdot s_1 \cdot s_2} \cdot (s_1 - s_2)^2 \ldots \ldots \ldots \quad (35')$$

Setzt man $s_1 \cdot s_2 = s_n^2$ und vernachlässigt den hierbei entstehenden sehr kleinen Fehler, so erhält man

$$K_2'' = \frac{F_2'}{4 \cdot s_n^2} \cdot (s_1 - s_2)^2 \quad \ldots \ldots \ldots \quad (35)$$

Unter Benutzung dieser Formel zeichnet man ein Schaubild für die normale Spannweite s_n nach Bild 14.

Für die Beurteilung einer Kurzspannstrecke, die zur Ausführung gelangen soll, ist die zu erwartende Grenztemperatur in erster Linie maßgebend. Bei der Grenztemperatur ist $a = F_g'$. Ferner ist

$$F_g = F_g' + K'' = a + K'' \quad \ldots \ldots \ldots \quad (36')$$

Unter Benutzung der Gleichung (5) ergibt sich:

$$\boxed{F_g = a' + \frac{1}{6} \cdot M + K' + K''} \quad \ldots \ldots \quad (36)$$

In dieser Formel können die beiden ersten Summanden im Kopf aus den Daten der Bauausführung berechnet werden. Die Größe der beiden letzten Summanden läßt sich aus den oben erläuterten Schaubildern entnehmen. Die Grenztemperatur t_g wird für den gefundenen Wert von F aus dem in Abschnitt II C, S. 24 beschriebenen Schaubild s. Bild 13 ermittelt.

C. Der Abgleich der Mastlängen

Vergrößert man die Länge eines Mastes um 1 m, so verkleinert sich der Wert von a' ebenfalls um 1 m, während sich die a'-Werte der Nachbarmaste um je ein halbes Meter vergrößern. Verkleinert man die Länge eines Mastes um 1 m, so erhält man das umgekehrte Ergebnis. Die Differenz zwischen den a'-Werten zweier benachbarter Maste wird also durch die Verlängerung eines der Maste um 1 m immer um 1,5 m geändert. Es lassen sich also alle Differenzen, die größer sind als 0,75 m durch Mastabgleich verkleinern. Differenzen der a'-Werte, die 0,75 m und weniger betragen, lassen sich nicht mehr verringern.

Bei dem Abgleich der Mastlängen ist darauf zu achten, daß den größeren Spannfeldlängen auch größere a'-Werte zugeordnet werden. Genaue Vorschriften lassen sich hierfür nicht aufstellen. Der Abgleich erfordert einiges Geschick und ein richtiges Einfühlen in die konstruktiven Verhältnisse.

Man findet durch die Abgleichrechnungen eine oder mehrere Lösungen. Im letzten Fall trifft man die Entscheidung nach den in Frage kommenden Grenztemperaturen, die entweder geschätzt oder durch Kontrollrechnungen ermittelt werden (s. Abschnitt VI D).

Es muß möglich sein, die Trasseure dahin zu bringen, daß sie die Bezugshöhen der Mastfußpunkte einwandfrei aufnehmen und in einfachen Fällen die zweckmäßigsten Mastlängen selbständig bestimmen. Schwierigere Fälle erfordern die Anwesenheit des Bauleiters, dem es auch obliegt, die von den Trasseuren durchgeführten Berechnungen zu prüfen und die zu erwartenden Grenztemperaturen, wenn erforderlich, zu ermitteln.

Bei den verschiedenen Geländeverhältnissen kommt man entweder sehr rasch zu einem brauchbaren Ergebnis oder man findet bei mangelnder Zeit an sich brauchbare Werte, die man bei einer späteren Nachrechnung gegebenenfalls noch verbessern kann, oder man stellt fest, daß bei der vorgesehenen Trasse keine brauchbaren Werte erzielt werden können, daß man also auf Weitspannung übergehen oder eine andere Trasse wählen muß. Jedenfalls ist es immer möglich, bereits auf der Strecke zu klären, ob eine in Aussicht genommene Trasse ausgeführt werden kann oder nicht. Es entsteht kein Aufenthalt in den Trassierungsarbeiten.

Bei dem beschriebenen systematischen Vorgehen ergeben sich nicht allein technisch befriedigende Bauausführungen, es wird bei bester Ausnutzung des vorhandenen Materials auch eine Ersparnis an anormalen Mastlängen erreicht.

D. Drei Beispiele

Die folgenden drei Beispiele sollen zeigen, wie der Abgleich der Mastlängen bei beliebigen Geländeverhältnissen unter Anwendung der Formel (3) durchgeführt wird.

Bei den drei Beispielen werden einheitlich folgende Annahmen gemacht:

Leitungsmaterial: 50 mm²-Aluminiumseil bei 8 kg/mm² Höchstzugspannung.

Normale Spannweite: $s_n = 70$ m.

Länge der Endmaste: 11 m. (Bei Eisen- und A-Masten als Endmaste sind äquivalente Mastlängen einzusetzen.)

Zur Verfügung stehende Mastlängen: 11 bis 15 m.

Die Grenzparabel hat bei der normalen Spannweite folgende Durchhänge:

$$F_{-20°} = 1,04 \text{ m} \quad F_{-10°} = 1,34 \text{ m} \quad F_{0°} = 1,78 \text{ m} \quad F_{+10°} = 2,5 \text{ m}.$$

1. Beispiel (s. Bild 6)

Zahlentafel VII.

Trassierungs-ergebnisse			1. Versuchs-rechnung			1. Lösung			2. Lösung			3. Lösung		
Nr.	l_v	s	b	l_v	a'	t_g	l_v	a'	t_g	l_v	a'	t_g	l_v	a'	t_g
A_1	11			11			11			11			11		
A_2		70 / 80	3,6	13	2,1	$+3,5°$	13	1,6	$-2°$	14	1,1	$-11°$	15	0,6	$<-20°$
A_3			0,75	12	0,75	$<-20°$	11	1,75	$-8°$	12	1,25	$<-20°$	13	0,75	$<-20°$
A_4	11	65		11			11			11			11		

Die b-Werte zeigen, daß das Tal ungleichmäßig ist und daß sich eine spätere Berücksichtigung der M-Werte empfiehlt (s. S. 26).

Bei der ersten Versuchsrechnung ergibt sich eine Differenz der a'-Werte von 2,1 m — 0,75 m = 1,35 m, die sich durch Mastabgleich auf 1,50 m — 1,35 m = 0,15 m verringern läßt. Es kommen drei Lösungen in Frage, s. Zahlentafel VII.

Die a'-Werte der zweiten Lösung zeigen, daß die Grenztemperaturen mit Sicherheit unter — 5° C liegen (s. Bild 13), daß also die Mastlängen der 2. Lösung auf jeden Fall genügen. Aber auch die 1. Lösung befriedigt. Errechnet man die a-Werte nach Formel (4), also unter Berücksichtigung der Eingrabetiefe der Maste, so erhält man bei der 1. Lösung $a_2 = 1,93$ m und $a_3 = 1,58$ m und aus dem Bild 13 die Temperaturen $t_{g2} = -2°$ C und $t_{g3} = -7,5°$ C, die den wirklichen Werten sehr nahe kommen. Dieses zeigen die in Zahlentafel VII eingetragenen genauen Grenztemperaturen t_g, die nach dem Vorbild der Zahlentafel IV berechnet sind.

2. Beispiel (ohne Bild)

Zahlentafel VIII.

Trassierungsergebnisse			Versuchs-rechnung		Lösung	
Nr.	l_v	s	b	l_v	a'	l_v	a'
A_1	11			11		11	
		60					
A_2			3,45	13	1,45	14	0,95
		65					
A_3			1,25	11	2,25	12	1,75
		80					
A_4	11			11		11	

Der Trasseur hat mit den geschätzten Mastlängen der Versuchs-rechnung sofort einen guten Abgleich erzielt. Die Differenz der a'-Werte ($a_2' = 1,45$ m und $a_3' = 2,25$ m) beträgt 0,80 m und läßt sich nur noch um 0,10 m verbessern. Von einer solchen Verbesserung muß mit Rücksicht auf die kleinen Spannfeldlängen des Mastes A_2 ($s_1 = 60$ m und $s_2 = 65$ m), die kleine a'-Werte erfordern, abgesehen werden. Da dem Trasseur $a_3' = 2,25$ m zu hoch erscheint, vergrößert er die Längen der beiden Maste in der Bodensenke um je 1 m. Die Grenztemperaturen müssen schätzungsweise bei 0° C liegen und ergeben sich durch eine Nachrechnung zu — 1° C und — 2° C.

Bei den beiden ersten Beispielen besteht die Möglichkeit, durch Wahl großer Mastlängen niedrige Grenztemperaturen zu erreichen. Bei breiten Bodensenken wird die mittlere Grenztemperatur ausschließlich durch die Geländeverhältnisse bestimmt (s. 3. Beispiel).

3. Beispiel (s. Bild 12)

Zahlentafel IX.

Trassierungsergebnisse				1. Versuchs-rechnung		2. Versuchs-rechnung		1. Lösung			2. Lösung		
Nr.	l_v	s	b	l_v	a'	l_v	a'	l_v	a'	t_g	l_v	a'	t_g
A_1	11			11		11		11			11		
		70											
A_2			3,2	14	0,7	13	1,7	13	1,7	$+5°$	14	1,2	$-2°$
		65											
A_3			0,5	12	1,0	12	1,0	12	1,5	$-7°$	13	1,5	$-7°$
		70											
A_4			1,8	11	2,8	12	2,8	13	1,8	$-3°$	14	1,8	$-3°$
		75											
A_5			2,3	12	2,3	14	1,3	14	1,8	$-3°$	15	1,8	$-3°$
		75											
A_6			2,0	13	2,0	14	2,0	14	2,0	$+1°$	15	2,0	$+1°$
		70											
A_7			3,0	14	1,0	14	1,5	14	1,5	$-2°$	15	1,0	$-11°$
		75											
A_8	11			11		11		11			11		

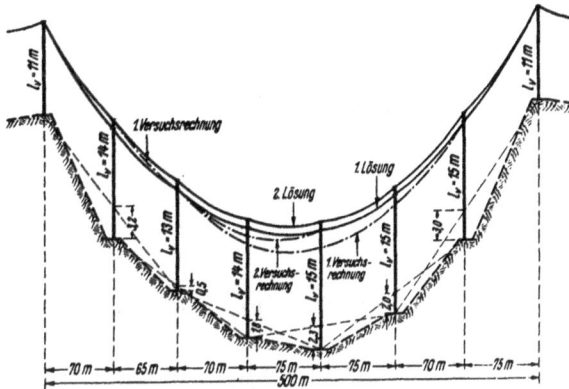

Bild 12. Zeichnung zum 3. Beispiel.

Die beiden Versuchsrechnungen bis zur 1. Lösung zeigen die fortschreitende Verbesserung der Planung. Die Differenzen zwischen den a'-Werten haben sich bis auf 0,5 m verringert. Eine Nachrechnung nach Zahlentafel IV ergibt die zu erwartenden Grenztemperaturen. Mast A_6 mit $a' = 2,0$ m weist eine Grenztemperatur von $+ 1°$ C auf. Mast A_2, der kurze Spannweiten und eine Mehrlänge von 1,5 m im Vergleich zu den Nachbarmasten hat, hat eine Grenztemperatur von $+ 5°$ C, sein Nachbarmast A_3 eine solche von $- 7°$ C. Würde man den Mast A_2 um 0,5 m verlängern, so würden die Grenztemperaturen der beiden Maste bei etwa $- 3°$ C liegen.

Soll eine Grenztemperatur von $+ 5°$ C bei Mast A_2 vermieden werden, so gibt es hierfür drei Möglichkeiten:

1. Für Mast A_2 wird ein 14 m-Mast gewählt. Die Grenztemperatur des Mastes A_3 steigt alsdann von $- 7°$ C auf $+ 2°$ C.

2. Mast A_2 erhält eine Mastlänge von 14 m und wird 0,5 m tiefer eingegraben (s. o.).

3. Die Längen aller Maste in der Bodensenke werden um 1 m vergrößert (s. 2. Lösung, Zahlentafel IX).

Es fragt sich, ob sich der Mehraufwand, der mit der 2. Lösung verbunden sein würde, lohnt. Wird bei einer Temperatur von $- 2°$ C gespannt, so hebt sich bei einer Ausführung nach der 1. Lösung das Seil um 0,38 m von dem Mast A_2 ab. Es kann ohne große Mühe um dieses kurze Stück herabgezogen werden. Die Anhubkraft des auf Isolatorhöhe heruntergeholten Seiles beträgt 2,2 kg. Ihre Bewältigung bereitet keine Schwierigkeiten und kann unbedenklich in Kauf genommen werden. Man wird sich also grundsätzlich für die erste Lösung entscheiden und lediglich die kleine Verbesserung einer Verlängerung des Mastes A_2 auf 14 m vornehmen.

Die Beispiele zeigen, daß bei Mastlängen in ganzen Metern ein restloser Abgleich des Leitungsbogens nicht erreicht werden kann, daß das angegebene Verfahren aber einen für die Praxis völlig ausreichenden Abgleich ermöglicht.

Anhang

Schrifttum

1. Durchhangstabellen der Siemens-Schuckertwerke AG.
2. Vorschriftenbuch des Verbandes Deutscher Elektrotechniker (VDE-Vorschriften) 22. Auflage, nach dem Stande am 1. Januar 1939. Berlin 1939. Hieraus: VDE 0210/X. 38-Vorschriften für den Bau von Starkstromfreileitungen.
3. Freileitungsbau, Ortsnetzbau von F. Kapper. 4. Auflage. München 1923.

Durchhangstabelle für 50 mm²-Aluminiumseil bei 8 kg/mm² Höchstzugspannung

(Auszug aus einer Durchhangstabelle der Siemens-Schuckertwerke AG)

f = Durchhänge in cm $\qquad\qquad$ P = Seilzüge in kg

Spannweite in m		mit Zusatzlast $-5°$	ohne Zusatzlast $-20°$	$-10°$	$0°$	$+10°$	$+20°$	$+30°$	$+40°$
40	f	—	6,8	8,5	11,8	17	25,5	38	50,5
	P	—	400	324	235	166	108	72,5	54,5
50	f	—	10,5	13,5	18	25	36,5	51	65
	P	—	400	318	238	172	117,5	84	66
60	f	77	16,5	21	28	39	53	71	87
	P	400	375	295	221	158,5	116,5	87	71
70	f	104,5	26,5	33,5	44,5	62,5	80	98	114
	P	400	318	251	189	135	105	86	74
80	f	136,5	42	53	70	91	111	130	147,5
	P	400	262	207	157	121	99	84,5	74,5
120	f	307	188	212,5	236,5	259	280	299,5	318
	P	400	131,5	116,5	105	95,5	88,5	82,5	78
140	f	418	300	324	347	369,5	390	410	429
	P	400	112	104	97	91	86,5	82	78,5
240	f	1228	1117	1138,5	1159,5	1180	1201	1221	1241
	P	400	88,5	87	85,5	84	82,5	81	80
280	f	etwa	1550.	(Durch Extrapolation ermittelt.)					
	P								

Zusatzlast: $180 \cdot \sqrt{D}$ mm g/m, s. VDE 1210/X. 38. $D = 9$ mm

Zeichenerklärungen.

a Bezugshöhe der Mastspitze in m,

b Bezugshöhe des Mastfußpunktes in m,

c Geländehöhe des absoluten Nivellements in m,

d', d'' getragene Seillänge in einem Spannfeld in m,

d getragene Seillänge in zwei Spannfeldern in m,

e	Bezugshöhe beliebiger Strecken-punkte,	G	gesamtes Seilgewicht in kg/m,
f_n	Durchhang bei normaler Spann-weite in m,	G_s	Seilgewicht in kg/m ohne Zusatz-last,
f_{nw}	Durchhang bei normaler Spann-weite und Windlast in m,	G_z	Zusatzlast in kg/m,
g	Index für Grenztemperatur,	G_w	Windlast in kg/m,
h	Hilfshöhe in Bild 10,	H	Horizontalkomponente des Seil-zuges in kg,
i	absolute Höhe der Mastspitzen in m,	I	Hilfspunkt in Bild 10,
k	absolute Höhe der Trassenpunkte in m,	K' und K'' Korrekturen in m,
l	freie Mastlänge in m,	L	gesamte Seillänge mehrerer Spann-felder in m,
l_v	volle Mastlänge in m,	M	Mehrlänge des Mittelmastes in m,
n	Index für normale Spannweite,	M	Index in s_M und f_M für die effek-tive mittlere Spannweite,
o	Bodenabstand der Leitung s. Bild 7 u. 8,	N	Nivellierinstrument, s. Bild 6,
p	Parabelparameter,	O	Hilfspunkt in Bild 10,
r	Hilfsstrecke in Bild 10,	P	Horizontalkomponente des Seil-zugs der Leitung in kg,
s	Spannweite, Spannfeldlänge in m,	Q	Horizontalkomponente des Seil-zugs quer zur Leitungsrichtung in kg,
s	Index in G_s s. d.,		
t	Temperatur,	R_w	Resultierende aus Seilgewicht und Windlast in kg/m,
t_g	Grenztemperatur,		
u	Entlastungsgrad,	S	Seilzug in kg,
v	Index in l_v,	T_w	Resultierende Seilkraft bei Wind-belastung in kg,
w	Index für Windbelastung,		
x	Abszisse,	U	Hilfspunkt in Bild 10,
y	Ordinate,	U_n	Nennspannung in kV
z	Index in G_z s. d.,	V	Vertikalkraft in kg,
		V_w	Vertikalkraft bei Windbelastung in kg,
A	Mast,		
B	Mastfußpunkt,	α	Scherwinkel,
C	Mastspitze,	β	Winkel der Resultierenden R_w zur Vertikalen,
D	Seildurchmesser in mm,		
E	Hilfspunkt in Bild 10,	γ	Winkel der Resultierenden T_w zur Vertikalen.
F	Durchhang der Grenzparabel,		
F'	Durchhang der Grenzparabel am Mast,		

Ableitung 1

Einfluß der Scherung auf eine Parabel vertikaler Achsrichtung

Eine beliebige Parabel senkrechter Achsrichtung habe die Glei-chung:

$$(x - a)^2 = 2\,p \cdot (y - b).$$

Führt man, wie in Abschnitt II D angegeben, eine Scherung der Kurve durch, so vergrößern sich alle Ordinaten um den zusätzlichen Wert $x \cdot \operatorname{tg} \alpha$. Für die neuen Ordinaten y' gilt folgende Gleichung:

$$y' = y + x \cdot \operatorname{tg} \alpha.$$

Es wird alsdann:

$$(x-a)^2 = 2\,p\,(y' - x \cdot \mathrm{tg}\,\alpha - b)$$

$$x^2 - 2\,a \cdot x + a^2 + 2\,p \cdot x \cdot \mathrm{tg}\,\alpha = 2\,p \cdot y' - 2\,p \cdot b$$

$$x^2 - 2\,(a - p \cdot \mathrm{tg}\,\alpha)\,x + a^2 - 2\,a \cdot p \cdot \mathrm{tg}\,\alpha + p^2 \cdot \mathrm{tg}\,\alpha^2$$
$$= 2\,p \cdot y' - 2\,p \cdot b - 2\,a \cdot p \cdot \mathrm{tg}\,\alpha + p^2 \cdot \mathrm{tg}^2\,\alpha$$

$$(x - a + p \cdot \mathrm{tg}\,\alpha)^2 = 2\,p\left(y' - b - a \cdot \mathrm{tg}\,\alpha + \frac{p \cdot \mathrm{tg}^2\,\alpha}{2}\right).$$

Die entstandene neue Kurve ist wiederum eine Parabel vertikaler Achsrichtung mit dem Parameter p. Die Achse der Parabel hat eine Parallelverschiebung um die Strecke $p \cdot \mathrm{tg}\,\alpha$ erfahren. Parabeln gleichen Parameters erfahren bei dem gleichen Scherwinkel α die gleiche Parallelverschiebung.

Ableitung 2

Ableitung der Formel:

$$F_2' = \frac{s_1 \cdot s_2}{2\,p} = 4\,f_n \cdot \frac{s_1 \cdot s_2}{s_n{}^2} \quad \dots \dots \dots \quad (13)$$

Die in Bild 10 wiedergegebene durch die Punkte C_1, $C_{2,1}$ und C_3 gezogene Grenzparabel habe den Parameter p. Legt man das Koordinatensystem durch den Scheitelpunkt, so ist die Gleichung der Grenzparabel: $x^2 = 2\,p \cdot y$.

$$F_2' \;\; = h_4 - h_2 = h_4 - \frac{r^2}{2\,p}$$

$$h_4 \;\; = h_3 + O\,C_{2,2} = h_3 + (h_1 - h_3) \cdot \frac{s_2}{s_1 + s_2} = \frac{h_3 \cdot s_1 + h_1 \cdot s_2}{s_1 + s_2}$$

$$F_2' \;\; = \frac{h_3 \cdot s_1 + h_1 \cdot s_2}{s_1 + s_2} - \frac{r^2}{2\,p} = \frac{2\,p \cdot h_3 \cdot s_1 + 2\,p \cdot h_1 \cdot s_2 - r^2 \cdot s_1 - r^2 \cdot s_2}{(s_1 + s_2) \cdot 2\,p}$$

$$2\,p\,h_3 = (s_2 + r)^2 \qquad 2\,p\,h_1 = (s_1 - r)^2$$

$$F_2' \;\; = \frac{(s_2 + r)^2 \cdot s_1 + (s_1 - r)^2 \cdot s_2 - r^2 \cdot s_1 - r^2 \cdot s_2}{(s_1 + s_2) \cdot 2\,p} = \frac{s_1 \cdot s_2}{2\,p}$$

$$f_n \;\; = \frac{s_n{}^2}{8\,p} \quad \dots \dots \dots \dots \dots \dots \dots \dots \quad (10)$$

$$F_2' \;\; = \frac{s_1 \cdot s_2}{2\,p} = 4\,f_n \cdot \frac{s_1 \cdot s_2}{s_n{}^2} \quad \dots \dots \dots \dots \dots \quad (13)$$

Ableitung 3

Ableitung der Formel:

$$d_2' = \left(1 - \frac{i_1 - i_2}{4 \cdot f_n} \cdot \frac{s_n{}^2}{s_1{}^2}\right) \cdot \frac{s_1}{2} \quad \dots \dots \dots \quad (17)$$

Die Spitze des Mastes A_2 sei in dem Punkt C_2 angenommen. Der absolute Höhenunterschied zwischen den Mastspitzen C_1 und C_2 hat den Wert $i_1 - i_2$ (s. Bild 10).

Für die Durchhangsparabel gilt die Gleichung:

$$f_1 = f_n \cdot \frac{s_1{}^2}{s_n{}^2} = \frac{\left(\frac{s_1}{2}\right)^2}{2\,p} = \frac{s_1{}^2}{8\,p} \quad \dots \dots \dots \dots \quad (11)$$

$$h_5 = \frac{(s_1 - d_2{}')^2}{2\,p}$$

$$h_6 = \frac{d_2{}'^2}{2\,p}$$

$$h_5 - h_6 = i_1 - i_2$$

$$i_1 - i_2 = \frac{(s_1 - d_2{}')^2 - d_2{}'^2}{2\,p} = \frac{s_1{}^2 - 2\,s_1 \cdot d_2{}'}{2\,p}$$

$$d_2{}' = \frac{s_1}{2} - (i_1 - i_2) \cdot \frac{p}{s_1}$$

$$= \frac{s_1}{2} - (i_1 - i_2) \cdot \frac{s_1}{8\,f_1} = \left(1 - \frac{i_1 - i_2}{4\,f_1}\right) \cdot \frac{s_1}{2}$$

$$= \frac{s_1}{2} - (i_1 - i_2) \cdot \frac{s_n{}^2}{8\,f_n \cdot s_1}$$

$$d_2{}' = \left(1 - \frac{i_1 - i_2}{4\,f_n} \cdot \frac{s_n{}^2}{s_1{}^2}\right) \cdot \frac{s_1}{2} = \left(1 - \frac{i_1 - i_2}{4\,f_1}\right) \cdot \frac{s_1}{2} \quad \dots \quad (17)$$

Ableitung 4

Ableitung der Formel:

$$d_2 = \left(1 - \frac{a_2}{F_2{}'}\right) \cdot \frac{s_1 + s_2}{2} = \left(1 - \frac{a_2}{4\,f_n} \cdot \frac{s_n{}^2}{s_1 \cdot s_2}\right) \cdot \frac{s_1 + s_2}{2} \quad \dots \quad (18)$$

In Bild 10 bilden die beiden durch die Punkte C_1 und C_2 bzw. C_2 und C_3 gezogenen Durchhangsparabeln, sowie die durch die Punkte C_1, $C_{2,1}$ und C_3 gezogene Grenzparabel Stücke ein und derselben Parabel mit dem Durchhang f_n bei der Temperatur t und der Spannweite s_n.

Der Mast A_2 mit der Spitze C_2 trägt in den beiden Spannfeldern die Seillänge $d_2 = d_2{}' + d_2{}''$. Es kommen die Formeln (13) und (17) zur Anwendung.

$$d_2 = d_2{}' + d_2{}'' = \frac{s_1}{2} - \frac{i_1 - i_2}{8\,f_n} \cdot \frac{s_n{}^2}{s_1} + \frac{s_2}{2} - \frac{i_3 - i_2}{8\,f_n} \cdot \frac{s_n{}^2}{s_2} \quad (17)$$

$$= \frac{s_1 + s_2}{2} - \frac{s_n{}^2}{8\,f_n} \cdot \frac{i_1 \cdot s_2 - i_2 \cdot s_2 + i_3 \cdot s_1 - i_2 \cdot s_1}{s_1 \cdot s_2}$$

$$a_2 = C_2 O + O C_{2,2} = i_3 - i_2 + (i_1 - i_3) \cdot \frac{s_2}{s_1 + s_2}$$

$$= \frac{i_3 \cdot s_1 + i_3 \cdot s_2 - i_2 \cdot s_1 - i_2 \cdot s_2 + i_1 \cdot s_2 - i_3 \cdot s_2}{s_1 + s_2}$$

$$= \frac{i_1 \cdot s_2 - i_2 \cdot s_2 + i_3 \cdot s_1 - i_2 \cdot s_1}{s_1 + s_2}$$

$$d_2 = \frac{s_1 + s_2}{2} - \frac{s_n^2}{8 f_n} \cdot \frac{a_2 \cdot (s_1 + s_2)}{s_1 \cdot s_2}$$

$$F_2' = 4 f_n \cdot \frac{s_1 \cdot s_2}{s_n^2} \quad \ldots \ldots \ldots \ldots \ldots \ldots \ldots \quad (13)$$

$$d_2 = \left(1 - \frac{a_2}{F_2'}\right) \cdot \frac{s_1 + s_2}{2} = \left(1 - \frac{a_2}{4 f_n} \cdot \frac{s_n^2}{s_1 \cdot s_2}\right) \cdot \frac{s_1 + s_2}{2} \quad \ldots \quad (18)$$

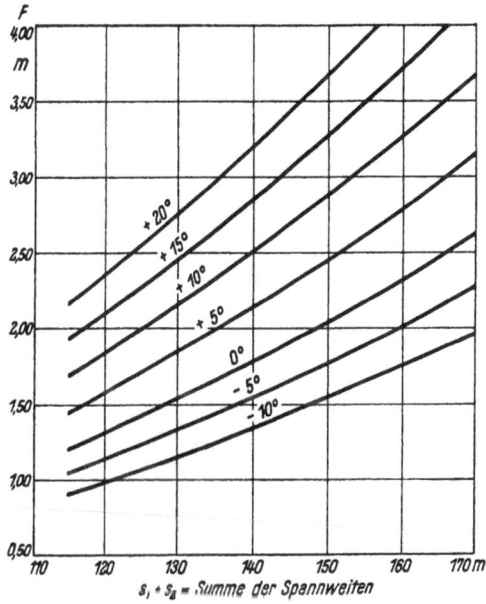

Bild 13. Durchhang F der Grenzparabel abhängig von der Summe der Spannweiten bei Temperaturen von — 10° C bis + 20° C. $s_n = 70$ m.

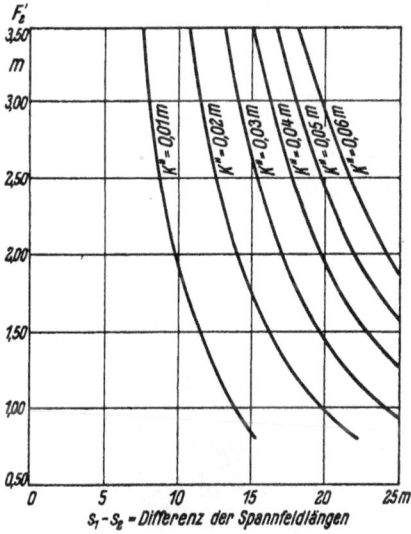

Bild 14. Korrektur K'' für $s_n = 70$ m.
$$F = F' + K''.$$

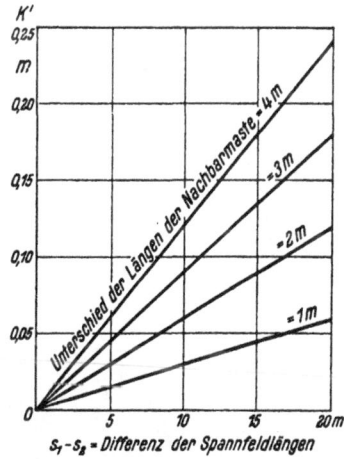

Bild 15. Korrektur K' für $s_n = 70$ m.
$$a = F_g' = a' + \frac{1}{6} M + K'.$$

Vorzeichen +, wenn größerer Mast bei kürzerem Spannfeld.
Vorzeichen —, wenn grösserer Mast bei längerem Spannfeld.

www.ingramcontent.com/pod-product-compliance
Lightning Source LLC
Chambersburg PA
CBHW081244190326
41458CB00016B/5906